AF877466

Guide de l'animateur de groupes

2e édition

La ***Chronique Sociale*** est à la fois un organisme de formation et de recherche et une maison d'édition. Fondée à Lyon en 1892, elle s'est préoccupée dès ses origines de sensibiliser aux évolutions de la société et de suggérer une organisation de la vie collective plus solidaire et plus respectueuse des personnes.

Actuellement, les ***Éditions de la Chronique Sociale*** publient des ouvrages et des jeux pédagogiques qui contribuent à mettre en œuvre ces orientations. Issus de pratiques professionnelles et sociales, ils sont au service de tous ceux qui s'efforcent de mieux comprendre le monde.

Chacun pourra s'approprier ces outils et les utiliser, tant pour son développement personnel que pour une action collective efficace.

Pour plus d'informations:
www.chroniquesociale.com

Couverture : Jennifer Ballandras

Responsable des Éditions : André Soutrenon

Correction : Gil Mozzo

Imprimeur : Vasti-Dumas
N° imprimeur : V004194/00C

La reproduction partielle et à des fins non commerciales des textes publiés par la "Chronique Sociale" est autorisée à la seule condition d'indiquer la source (nom de l'ouvrage, de l'auteur et de l'éditeur), et de nous envoyer un exemplaire de la publication.

Chronique sociale, Lyon, Dépôt légal : mars 2010

Imprimé en France

Charles Maccio

Guide de l'animateur de groupes

2e édition

Savoir
Communiquer

l'essentiel

Chronique Sociale
7, rue du Plat - 69002 Lyon
Tél. : 04 78 37 22 12

Du même auteur, aux éditions Chronique Sociale

- **Autorité, pouvoir, responsabilité** (3e éd.)
- **L'Œdipe, moyen de libération** (2e éd. revue et augmentée). Traduit en portugais et en espagnol
- **Pour une éducation de la liberté** (4e éd. revue et augmentée). Traduit en portugais et en espagnol
- **Organisation et responsabilités.** Traduit en allemand
- **Des réunions plus efficaces** (2e éd.)
- **Savoir écrire un livre... un rapport... un mémoire...** (5e éd.)
- **Pratique de l'expression** (5e éd.)
- **Exercer une responsabilité**

L'humanité face aux changements :

- **Maîtriser les mutations techniques**
- **Les sciences Humaines en mouvement**
- **Valeurs pour notre temps**
- **Solidarité par le partage du travail et des revenus**
- **Penser le devenir de la personne**
- **Penser le devenir de l'humanité**
- **De l'individu à la personne**
- **Chrétiens et justice sociale**

10e éd. de L'animation de groupes en *deux volumes :*

- **Animer et participer à la vie de groupe**
- **Techniques de la vie en groupe**

Guide de l'animateur de groupes

Ce livre doit beaucoup aux amis qui ont accepté de lire le manuscrit et d'en faire la critique. Leurs nombreuses remarques m'ont conduit à l'améliorer sur de nombreux points, à le rendre plus clair et plus compréhensible. Qu'ils en soient chaudement remerciés.

Pourquoi ce titre

- Chacun de nous peut être appelé à devenir animateur, par les responsabilités prises dans l'entreprise, au sein d'organisations ou d'associations.
- Être animateur suppose de posséder une vaste culture, pour situer chaque problème particulier dans son contexte plus général.
- Nous possédons aujourd'hui les moyens de mieux connaître la vie du monde, tant personnelle que sociale, pour nous faciliter la tâche. À nous d'apprendre à nous en servir à titre personnel, mais surtout au sein de nos organisations.
- D'autant plus que nous sommes affrontés à de nouveaux défis au XXIe siècle. Ils vont exiger de plus en plus de rencontres pour les étudier ct les prendre en charge, donc de plus en plus d'animateurs pour les groupes de réflexion et de travail. Il en sera de même pour nos organisations qui seront affrontées à ces divers défis du siècle.

Guide de l'animateur de groupes

Introduction **11**
Orientations 11
Aspects pratiques 12

Chapitre 1 : **Clarifier le sens** **13**
L'esprit 13
Place des valeurs 13
La valeur fondatrice : l'amour 14
Les valeurs qui en découlent 15
Porter des jugements de réalité éclairés par les valeurs 16
La finalité 17
Signification 17
Notre conception de la personne 18
Notre conception de la société 19
La citoyenneté comme expression de notre finalité 20
Les politiques 21
Nécessité des politiques 21
Les politiques englobent le champ de la vie sociale 22
La mise en œuvre des politiques 23
Un régulateur des politiques : le code de déontologie 24
Les objectifs 25
Les différents niveaux d'objectifs 25
La détermination des objectifs 26
La démarche d'élaboration des objectifs 27
La compétence 28

Chapitre 2 : **Définir un projet** **29**
Réaliser un projet 29
Raison d'être du projet du groupe 29
Quelques règles à respecter 30
Le projet de notre organisation 31
Structure d'un projet 32
Les réunions 33
Conditions pour avoir des réunions efficaces 33
La diversité des réunions 34
Les facteurs intervenant dans toute réunion 35
Procédure générale pour tout type de réunion 36

Le plan 37
Faire un plan 37
Réaliser un plan logique 38
Choisir une méthode pour l'analyse 39
Se donner les outils de travail nécessaires 40

La stratégie (Itinéraire) 41
Une démarche qui est un itinéraire 41
Préalable à l'élaboration d'une stratégie 42
Élaboration d'une stratégie 43
La stratégie pour atteindre un objectif 44

Chapitre 3 : **Situer l'animateur** **45**

La personnalité de l'animateur 45
Tous animateurs 45
Les attitudes de l'animateur 46
Les comportements de l'animateur 47
L'implication de l'animateur 48

Les fonctions de l'animateur 49
La fonction de production 49
La fonction de facilitation 50
La fonction de régulation 51
La fonction de création 52

La coordination 53
L'orientation 53
La gestion 54
L'animation 55
L'administration 56

L'engagement de l'animateur 57
L'animateur accompagnateur 57
L'animateur médiateur 58
L'animateur libérateur grâce à l'œdipe 59
L'animateur dynamiseur 60

Chapitre 4 : **Situer les participants** **61**

Chaque personne est unique 61
Trouver un équilibre 61
Acquérir une personnalité équilibrée 62
Être soi-même 63
Devenir solidaire 64

La participation 65
Un esprit démocratique 65
Acquérir une pensée personnelle 66

Avoir une démarche de pensée ... 67
La préparation de la réflexion ... 68
L'expression de la participation ... 69
S'exprimer ... 69
Apprendre à écouter ... 70
Faire l'effort de comprendre ... 71
L'affrontement ... 72
Être responsable ... 73
Faire autorité ... 73
Avoir du pouvoir ... 74
Développer ses responsabilités ... 75
Rédiger des définitions de fonction ... 76

***Chapitre 5 :* Positionner le groupe ... 77**
Les bases du groupe ... 77
Les éléments constitutifs d'un groupe ... 77
Le champ de forces dans un groupe ... 78
Les phénomènes de groupe ... 79
L'orientation ... 79
La progression du groupe vers ses objectifs ... 80
La cohésion ... 81
La communication ... 82
L'interaction ... 83
La socialisation ... 84
Les tensions ... 85
L'organisation ... 86
L'évolution ... 87
L'innovation ... 88
Les décisions ... 89
La prise de décision comme phénomène central ... 89
Le processus de décision ... 90
Les décisions unanimes non uniformes (DUNU) ... 91
L'organisation de l'action ... 92

***Chapitre 6 :* S'approprier les techniques ... 93**
Les moyens ... 93
Les outils de l'information ... 93
Lire plus vite ... 94
Présentation efficace d'un document ... 95
Contenu possible d'un bilan ... 96
Les méthodes ... 97
Nouvelles technologies et vie de groupe ... 97

Faire un travail de recherche et de réflexion....98
Mise en place d'un centre ressource....99
Apprendre à gérer son temps....100

Les procédures....101
Comment établir une procédure....101
Procédure pour développer la participation....102
Procédure de résolution de problèmes....103
Procédure d'amélioration des outils....104

Les démarches....105
Démarche pour développer toutes nos potentialités....105
Démarche pour améliorer nos relations....106
Démarche cohérente pour communiquer....107
Démarche pour réaliser le changement dans notre organisation....108

Chapitre 7 : **Animer et participer pour construire le XXIe siècle....109**

Les dix défis à prendre en charge....109
Les avancées scientifiques et techniques....110
La mondialisation....111
L'écologie à respecter....112
L'importance du vivant....113
Être des entrepreneurs du développement....114
Participer activement à la construction de l'être....115
Construire la démocratie....116
Réaliser la paix....117
Développer la culture des personnes et des peuples....118
Faire évoluer le droit....119
Le retour de l'action collective....120

Par notre groupe....121
Les réseaux internes de notre groupe....121
Les réseaux externes de notre groupe....122
Interaction des groupes....123
Des groupes insérés dans la vie sociale....124

Pour ne pas conclure....125

Petite bibliographie....126

Aller plus loin....127

Introduction

Orientation

Une prise de conscience nécessaire

Face à la montée de l'individualisme, il est important pour chacun de nous de constater que nous sommes des êtres de relations et en relation. Nous sommes insérés dans des groupes divers : famille, quartier, profession, loisirs, Églises, etc. Nous avons, de ce fait, tout un réseau d'amis que nous pouvons enrichir par l'apport de notre spécificité et qui nous enrichissent de leur particularité.

Nous pouvons apprendre à travailler en groupe si nous le désirons

Cela n'est pas inné, cela demande des efforts d'abord pour nous connaître, pour comprendre nos réactions à l'égard des autres. Ensuite connaître les autres et comprendre leurs réactions à notre égard et à l'égard des autres. Cette connaissance et cette compréhension des personnes pourront être complétées par la connaissance et la compréhension des **phénomènes de groupes,** afin de saisir les réactions collectives d'un ensemble de personnes. Cette double démarche nous permettra, en utilisant ces connaissances et cette compréhension, de rendre plus efficace notre vie de groupe.

Cette vie de groupe doit avoir un sens

Notre groupe fait partie d'une organisation (entreprise, école, etc.), d'une association (culturelle, familiale, syndicale, etc.). Cette organisation existe pour contribuer à la vie de la cité en apportant sa spécificité sur une partie de la vie sociale. Cette contribution ne peut être neutre. Il est nécessaire d'en préciser l'orientation, le sens, en fonction de notre conception de la personne et de la société, en fonction des **valeurs** que nous souhaitons voir vécues dans la cité. Nous avons toujours un choix à faire : développer l'obéissance ou le dialogue ? Donner la primauté au travail ou à l'argent ? Favoriser la coopération ou la compétition ? Promouvoir l'individualisme ou la solidarité ? Instaurer le repli sur soi ou le partage ? Notre **liberté** est en jeu. Quels choix faisons-nous ?

Changement dans notre vie

- Changement à l'égard de nous-même. Il serait paradoxal de vouloir le changement pour les autres, pour la société, et d'oublier que cela doit commencer par nous, pour apprendre à devenir nous-même et accepter ce que nous sommes, base de tout changement.
- Changement dans la société pour contribuer à l'instauration d'une société de personnes libres, responsables et solidaires, capables de contribuer à leur propre développement et à celui de la cité.
- Changement dans les structures. Depuis des millénaires, nous vivons dans des structures pyramidales. Aujourd'hui le niveau culturel de la population a augmenté grâce à l'école, aux médias, Il devient possible d'instaurer des **structures plus communautaires** qui favorisent la répartition des responsabilités à chaque personne.

Aspects pratiques

Ce livre a été rédigé sous forme de fiches

Cela rend la lecture plus facile et une appropriation du contenu plus commode. Chaque fiche a, de ce fait, une cohérence interne qui la rend autonome pour sa compréhension et son utilisation, mais interdépendante des autres pour avoir une vision d'ensemble de la démarche. Se rappeler que dans chaque partie il y a des éléments du Tout. Et que le tout est plus que l'ensemble des parties. C'est ce que nous a appris **l'analyse systémique** pour prendre en compte la **complexité**.

Ces fiches sont synthétiques

Elles ne prétendent pas être exhaustives. C'est un tremplin pour aller plus loin. Que chaque lecteur s'approprie le contenu et la démarche. Il pourra ensuite enrichir ces fiches, les compléter, les modifier, les transformer, en fonction de son expérience, de ses réflexions, de sa pratique. Elles sont des **points de repères.** Ceux-là peuvent jalonner la route d'un apprentissage. Celui-là pourra conduire d'une part à l'autonomie pour acquérir une pensée personnelle, d'autre part à la socialisation si nous acceptons d'échanger avec les autres sur nos pratiques pour continuer à nous enrichir réciproquement de nos différences. Le partage est toujours source de progrès réciproque.

Une mise à jour permanente est nécessaire

La vie c'est le changement. Ces matériaux sont des points de départ pour les personnes comme pour les groupes. En réfléchissant seul et en équipe à notre pratique, nous pouvons renouveler ce livre. N'ayons pas peur de rédiger des fiches en fonction de notre expérience. Faisons-les lire pour en débattre avec nos collègues. Nous aurons ainsi un livre vivant, complété en permanence par notre pensée sur notre pratique. Prenons l'habitude de lire des ouvrages d'autres auteurs sur le même sujet ou sur des sujets plus spécialisés correspondant à un chapitre ou une fiche. D'autres que nous réfléchissent sur leur pratique. Il serait dommage de nous priver de leur apport.

Ajouter notre contribution à l'élargissement du champ de conscience

Nous découvrons par notre vie de groupe la complexité des problèmes, leur interaction permanente, qui font tomber les cloisons étanches, dressées par les idéologies, entre le social, l'économique, le politique, le culturel, l'éthique, etc. « Tout est en tout et réciproquement. » Notre vie de groupe sera d'autant plus riche et efficace que chaque membre sera conscient des difficultés auxquelles nous sommes affrontés ; qu'il se sentira concerné afin de les prendre en charge avec les autres ; qu'il donnera un sens aux changements à apporter.

Chaque fiche se termine par un rappel de quelques *points clés à retenir.*

Clarifier le sens

L'esprit

C'est l'esprit qui donne sens à notre vie. Clarifions certains termes.

- ***L'esprit*** désigne à la fois la pensée, l'âme et le souffle de vie fusionnés dans l'existence avec le corps. C'est lui qui met en œuvre les mécanismes de la pensée. Il est le principe de toute découverte. Il nous permet de comprendre pour agir, en donnant un sens à nos actes.
- ***Les valeurs.*** Ce sont elles qui nourrissent le sens. Elles ont donc une fonction de clarification pour fonder nos jugements sur la réalité que nous vivons. Insérés dans une culture, dans un milieu, nous véhiculons souvent les valeurs de notre lieu d'insertion, plus satisfaisantes.
- ***L'éthique.*** C'est la science de la morale. C'est une réflexion théorique qui permet de fonder les valeurs avec leurs principes. Elle cherche des fondements aux actions des hommes. Elle s'interroge sur les sources des valeurs, sur les fins de l'action, sur le sens des relations aux autres.
- ***La conscience.*** La conscience morale est ce sentiment intérieur qui délimite nos choix qui peuvent être en contradiction avec les lois. Thomas d'Aquin disait déjà (1228-1274) : « *Dans un conflit entre l'autorité et la conscience même erronée, c'est la conscience qui doit l'emporter ; car aucun homme ou aucune femme ne peut appliquer une loi, sans la soumettre à sa conscience.* »
- ***La morale.*** Les réponses dégagées par la réflexion permettent de l'appliquer à l'économie, au droit, à la politique, à la science, à tous les aspects de notre vie personnelle et sociale. Elle passe par deux étapes : la création des valeurs et leur application, et deux agents de transmission : la conscience des personnes, la culture des peuples.
- ***La déontologie.*** C'est la science des droits et des devoirs moraux à remplir. C'est l'application de la morale à un secteur précis de notre vie professionnelle ou associative. Il est donc nécessaire de réfléchir aux nouvelles bases sur lesquelles fonder nos engagements dans la cité.
- ***Le Jugement.*** C'est la faculté de raisonner. C'est l'acte de pensée porteur de sens. Il permet la régulation de l'existence. Issu de la conscience morale, il exerce une fonction pratique : donner sens à l'action. Tous ces éléments vont nous permettre de préciser ce que sont les valeurs.

> 1. *Le sens se* **construit**.
> 2. *Nous pouvons utiliser de* **nombreux matériaux.**
> 3. *Pour choisir nos valeurs, il faut nous* **libérer** *de notre conditionnement social idéologique.*
> 4. *En dernière analyse, c'est notre* **conscience morale** *qui prévaut.*

La valeur fondatrice : l'amour

Les raisons de ce choix

Théologiens, philosophes, idéologues ne sont pas tous d'accord sur les valeurs fondatrices. Pour les uns c'est la liberté, pour d'autres la justice ou la vérité. Pour nous, c'est l'amour, pour trois raisons :

- ***L'amour à des racines lointaines dans l'histoire.*** Le culte des morts vers 200 000 av. J-C. montrait un sentiment d'attachement aux défunts. Confucius (555-479 av. J-C.) rappelait le précepte « d'aimer tous les hommes ». Bouddha (480-400 av. J-C.) incitait ses moines à pratiquer l'amour des hommes. Jésus-Christ nous dit : *« Aimez-vous les uns les autres »*, etc.
- ***L'amour a des racines étendues sur toute la terre.*** En Inde, Purananuru (2e siècle av. J-C.) rappelait que tous les peuples sont frères. En Iran, Sohrawardi (1155-1191) disait : *« L'amour seul peut nous conduire »*. Mahomet (570-632) demande : *« Assiste ton frère, qu'il soit oppresseur ou opprimé, ce dernier tu l'assistes en l'empêchant de commettre l'injustice »*, etc.
- ***L'amour a des racines diversifiées*** (croyants, incroyants). Le dalaï-lama : *« L'amour et la compassion doivent être distribués à tous, aussi et surtout à nos ennemis. »* Jean Lacroix : *« Aimer c'est créer. »* Rainer Maria Rilke : *« L'amour c'est le plus haut témoignage de nous-même »*, etc.

Les caractéristiques principales parmi d'autres sont :

- ***Ne pas avoir de projet sur autrui,*** sinon cela prouve que nous ne l'aimons pas tel qu'il est. Il faut que ce soit lui qui élabore son propre projet sur lui-même. Faire des projets sur les autres risque d'être une fuite, pour éviter de faire des projets sur nous-même.
- ***Disponibilité.*** Je dois rester disponible à la demande d'autrui. S'il refuse une aide ou s'il me demande de l'aider, je dois respecter sa liberté. Je réponds à sa demande, car je sais qu'un jour il me rejettera (œdipe). Est-ce que je saurai aussi accepter sa marche vers l'autonomie ?
- ***Création.*** L'amour est créateur. Un homme, une femme créent un enfant différent d'eux. De même, si je présente mon projet et si l'autre présente le sien, par le dialogue nous aboutirons à un projet nouveau riche des deux apports différents. Il aura été création par changement réciproque.

Les appellations de l'amour. Au cours de l'histoire les termes ont évolué.

- ***La charité.*** Au sens propre c'est l'amour d'autrui. Elle a pris une résonance péjorative à une époque ou faire la charité c'était faire l'aumône pour réparer des injustices.
- ***La fraternité.*** À la Révolution française, la fraternité est devenue une des trois valeurs qui fondèrent la République avec liberté et égalité.
- ***La solidarité.*** La laïcisation du mot amour s'est poursuivie et le terme de solidarité est souvent un choix pour de multiples associations nationales ou internationales.

1. *Il est nécessaire* **d'avoir une valeur fondatrice.**
2. *L'amour est proposé ; si elle ne vous convient pas, en* **choisir** *une autre.*
3. *Toujours* **étoffer** *la valeur fondatrice pour qu'elle puisse être utilisée facilement.*
4. **Expérimenter** *son utilisation.*

Les valeurs qui en découlent

- ***La créativité.*** L'amour est créateur. Toute personne possède des capacités créatrices. Il est important de mettre en place des lieux dans notre vie de groupe où la créativité et l'initiative puissent s'exprimer (réunions, responsabilités). Car la créativité est fondatrice de l'être et de la société.
- ***La vérité.*** L'amour ne peut se construire sur le mensonge. Mais la vérité ne s'atteint pas. On est toujours en marche vers elle si on la recherche en permanence. Pour cela le doute est l'élément moteur comme pour les scientifiques. Les dogmatismes, les fanatismes l'empêchent d'émerger.
- ***La liberté.*** Elle fait partie de l'essence de l'être, sans elle aucune des autres valeurs ne peut se répandre. C'est une longue marche où l'on passe de la liberté caprice du petit enfant, à la liberté choix de l'adulte qui choisit entre plusieurs contraintes et à la liberté créatrice qui transcende les contraintes.
- ***La justice.*** Dans un État de droit tous les citoyens ont les mêmes droits et devoirs. Parfois des lois injustes sont votées légalement. Il peut être légitime de lutter contre elles. La concertation permet cette dialectique de la légalité et de la légitimité pour mettre en place une nouvelle loi plus juste.
- ***L'égalité.*** Ce n'est pas rendre tout le monde identique. La véritable égalité se situe au niveau de l'être. Et comme nous sommes tous différents, l'égalité c'est l'acceptation et l'utilisation de la différence pour s'enrichir mutuellement de nos différences. Cette égalité est exigeante.
- ***La responsabilité.*** La responsabilité suppose d'avoir de l'autorité, d'être entendu pour notre capacité d'être (faire autorité), mais aussi d'avoir du pouvoir, où notre définition de fonction précise nos activités et les décisions individuelles et collectives que nous pouvons prendre.
- ***Le dialogue.*** C'est une valeur rare car on se contente souvent de discussions ou d'échanges. Le dialogue va plus loin, C'est accepter de changer par l'autre grâce à l'écoute de sa différence, à condition que ce soit réciproque pour qu'il y ait égalité dans le changement et la liberté nécessaires.
- ***La paix.*** Vivre ces valeurs sera un garant supplémentaire pour que la paix se réalise. Plus de violence, agir contre les états de violence que sont la pauvreté, l'exclusion, la précarité, etc. C'est par l'effort de tous que se réalise une société pour l'épanouissement de la personne et des peuples.

Beaucoup d'autres valeurs existent. À nous de choisir celles qui vont éclairer nos projets.

> 1. *C'est la* **concrétisation** *de l'amour qui exige l'utilisation d'autres valeurs.*
> 2. *Chacune des valeurs choisies devra être* **nourrie** *par l'amour.*
> 3. *Chacune des valeurs sera* **approfondie** *pour en préciser le contenu.*
> 4. *S'habituer à les* **utiliser** *pour porter nos jugements.*

Apprendre à porter des jugements de réalité éclairés par les valeurs

- ***Le jugement de valeur.*** Nous appelons jugement de valeur tout jugement lapidaire utilisant les bases proposées par Aristote (384-322 av. J-C.) : le bien et le mal, le beau et le laid, le bon et le mauvais, le juste et le faux. Depuis des siècles, nous sommes prisonniers de ce type de jugement qui est passé dans le langage courant. « Ce film était beau. » « Ce plat de haricots est bon. » « Cet élève est mauvais. » « Cet homme est laid », etc. Ce type de jugement est dangereux à plusieurs titres : 1. Il empêche une analyse sérieuse de la réalité. On n'explique pas pourquoi ce film est beau ou cet élève mauvais. 2. Il étiquette les gens et les emprisonne. Un élève risque d'être considéré comme mauvais pendant toute sa scolarité, malgré ses efforts, qu'il abandonne quand il voit qu'ils ne sont pas reconnus. 3. Il bloque les relations entre les personnes. La vie du groupe est stérilisée.
- ***Le jugement de réalité.*** C'est un progrès par rapport au jugement de valeur. Dire à une personne : « Tu es en retard » suffit souvent à lui faire prendre conscience de la gêne qu'elle provoque. Alors que lui dire : « C'est mal d'être en retard » risque de la bloquer. De même dire à un enfant : « Je ne peux pas te lire » lui fera prendre conscience de l'importance d'écrire lisiblement. Alors que lui dire ; « Tu écris mal » ne lui permettra pas de comprendre par rapport à quelle norme. C'est une habitude à prendre de faire la chasse aux jugements de valeur pour leur substituer des jugements de réalité. « Ce film m'a plu pour telle raison. » « J'ai aimé ce plat de haricots. » En disant « Je », on précise notre ressenti, mais, en même temps, on laisse aux autres la possibilité d'en avoir un différent.
- ***Le jugement de réalité éclairé par des valeurs.*** Nous pouvons à présent aller plus loin. On peut apprendre à porter des jugements de réalité en leur donnant un sens grâce aux valeurs que nous avons choisies. Le même mot « valeur » a ici un sens différent de celui utilisé par le « jugement de valeur » qui, lui, ne se fonde sur aucune valeur.

- Dire : « J'ai un mauvais patron » court-circuite l'analyse (jugement de valeur).
- Dire : « Mon employeur me paie au-dessous du minimum légal », c'est faire un constat, mais sans donner de sens à ce qu'il faut faire (jugement de réalité).
- Dire : « Mon employeur me paie au-dessous du minimum légal, ce n'est pas juste car il ne respecte pas la loi ». Nous avons ajouté une valeur « la justice » qui donne un sens à notre action.

Cette démarche est exigeante. Pour conduire des actions mobilisatrices, il est nécessaire qu'elles aient un sens. Celui-là est donné par des valeurs. Dans nos réunions, il serait judicieux d'apprendre à porter des jugements de réalité éclairés par les valeurs que nous aurons choisies.

1. *Le mot valeur est* **ambivalent** *comme la plupart des autres mots.*
2. **Distinguer** *jugement de valeur, de réalité, de réalité éclairé par des valeurs.*
3. *Cela nécessite de* **choisir** *une formule qui donne un sens à nos actes.*
4. *Faisons l'apprentissage du* **jugement de réalité éclairé par des valeurs.**

La finalité

Signification

Nous allons clarifier à présent trois termes : la finalité, les politiques, les objectifs.

- ***Orientation vers un but.*** La finalité s'applique à toute organisation qui comporte un rapport entre des moyens et une fin, avec la nécessité d'obtenir des résultats. La finalité suppose un but qui ait un sens déterminé par les acteurs eux-mêmes. C'est introduire la liberté humaine qui permet à l'action intentionnelle de l'homme de se réaliser. Nous devons participer à l'élaboration des finalités de notre organisation.
- ***Fondée sur des valeurs que nous avons choisies et approfondies.*** L'idée de finalité est inséparable des valeurs. C'est la nécessité pour les parties de prendre en compte le tout pour donner une cohérence aux différentes actions à conduire et les faire aboutir au même but. Ne pas confondre finalisme où la fin est préexistante (certains prétendent que l'histoire a un sens par exemple) et finalité où la fin est choisie et déterminée par ceux qui agissent.
- ***De la finalité écrite à finalité appliquée.*** Une finalité se rédige de façon à avoir un référentiel sur lequel chacun peut s'appuyer. Il arrive très souvent que ce genre de texte tombe dans les oubliettes parce que tout le monde est accaparé par les charges qu'il a à remplir. Il est donc utile de temps à autre de revoir, par exemple une fois par an, d'une part si l'action engagée l'a été dans le sens choisi, d'autre part si des modifications sont à apporter au texte original à la lumière de l'expérience.
- ***De la lettre à l'esprit.*** Le danger le plus grave pour un groupe ou une organisation c'est de s'emprisonner dans la lettre d'un texte et d'en oublier l'esprit. C'est ainsi que l'on tombe dans le bureaucratisme qui bloque toute vie sociale. Ce sont les valeurs qui rappelleront l'esprit et, dans certains cas, il vaudra mieux réécrire la lettre. D'où la nécessité d'une révision régulière de nos textes fondateurs. Cela demande de la souplesse d'esprit, de la sagesse et de l'humour.
- ***Faire la chasse au dogmatisme.*** Un texte sur la finalité est un tremplin pour éclairer l'action et lui donner un sens. Ce ne peut être en aucun cas une prison. La vie est changement, les valeurs sont vivantes, notre organisation évolue. On ne peut s'enfermer dans des choix définitifs. Au contraire, il est nécessaire de réfléchir en permanence en équipe pour rechercher comment prendre en compte la vie pour lui donner un sens.

1. *Une finalité est* **nécessaire,** *c'est elle qui donne sens à l'action.*
2. *Ce sont les* **membres** *qui agissent, qui choisissent les valeurs déterminant la finalité.*
3. *La finalité n'est pas une prison mais un* **tremplin.**
4. *Il est important de donner la* **priorité** *à l'esprit sur la lettre.*

Notre conception de la personne

- ***La personne est unique.*** Il n'existe pas deux personnes identiques. Même les vrais jumeaux ont des caractères différents, des attitudes différentes, car leur ressenti est différent face à un même événement. La personne se construit par son hérédité (l'inné). Elle est issue de familles, de la rencontre d'un homme et d'une femme. Elle se construit aussi par son appartenance à une société (acquis). Chacun de ces éléments est complémentaire de l'autre. Nous sommes le résultat de cette dialectique de l'inné et de l'acquis qui nous rend différent des autres.
- ***La personne est un être social.*** Chacun de nous est en relation avec les membres de sa famille, les collègues de travail, de loisirs, les voisins de quartier, du village, du hameau, les amis de l'association. Nous rencontrons d'autres personnes au cinéma, au match de foot, dans les transports, chez les commerçants, etc. Nous avons donc une vie relationnelle dont une partie n'est pas forcément choisie, mais dont une autre peut l'être. Nous sommes en outre marqués par notre milieu social, notre époque, notre territoire, etc.
- ***La personne est liberté.*** Trop de personnes oublient que si je suis un être de relations, ma liberté s'arrête où commence celle de l'autre. La vraie liberté c'est de vouloir pour l'autre la même liberté que pour moi. Je suis marqué par mon éducation, mon milieu. Je commence à devenir libre quand je deviens conscient de ce que l'on a fait de moi. Mais je franchis une nouvelle étape quand je m'interroge. Qu'est-ce que je vais faire de ce qu'on a fait de moi ? L'étape ultime de la liberté créatrice c'est de faire un projet sur soi pour donner sens à sa vie et le confronter aux projets des autres.
- ***La personne est créatrice.*** Dans son essence la personne est ouverture à la **transcendance,** c'est-à-dire à la capacité de se dépasser en puisant dans ses virtualités et dans son expérience. Elle a la capacité d'innover. C'est pourquoi il est indispensable que, dans la vie des groupes, on puisse faire participer toutes les personnes concernées aux décisions. Elles apporteront leur richesse d'innovation. La personne est aussi capable d'initiatives. Elle pourra l'exprimer à travers sa responsabilité, à condition que sa définition de fonction le lui permette.
- ***La personne est son action.*** La personne est ce qu'elle fait beaucoup plus que ce qu'elle dit, car il peut y avoir contradiction entre ce que l'on pense et ses actes. Une pensée qui ne se traduit pas en acte ne sert à rien. Certains ont peur d'agir car nos actes nous transforment. C'est en œuvrant à construire la cité que nous contribuons à nous construire nous-même, En dernière analyse ce sont nos actes qui dévoilent qui nous sommes réellement.

1. *La personne n'est pas un animal qui n'a pas de* **liberté.**
2. *La personne est un être de* **relations.**
3. *Elle peut utiliser ses relations pour* **agir** *avec les autres.*
4. *Cette action peut être* **créatrice.**

Notre conception de la société

- ***Interdépendance de la personne et de la société.*** La personne est unique et elle ne s'épanouit que grâce à ses relations. Le développement de la personne et le développement de la société dépendent l'un de l'autre. Des personnes libres créeront une société libre. Des personnes asservies vivent dans une société asservissante. La personne est et doit être le principe, le sujet et la fin de toutes les institutions, les institutions ayant pour vocation l'épanouissement de chaque personne sans exception.
- ***D'où émane le caractère communautaire de la société.*** On a répété très souvent que notre planète est un village, du fait de la mondialisation de tous les phénomènes économiques, politiques, religieux, etc. Par Internet et le multimédia, la communication entre les différents points du globe se réalise de façon instantanée. Le tout est de savoir si nous choisissons de construire une société fraternelle à base de dialogue.
- ***Exigeant le respect de la dignité de la personne humaine.*** Apprendre à considérer l'autre comme son frère. Nous faisons tous partie de la même famille humaine. Cela suppose de donner la priorité à tout ce qui est pauvre pour le partage, à tout ce qui est étranger pour nous enrichir de sa différence, à tout ce qui est jeune pour être ouvert à l'initiative. Cela peut nous conduire à nous élever contre toute violation de l'intégrité de la personne tant au travail (harcèlement moral) que par la torture au plan des personnes, face aux génocides ou au sous-développement pour les peuples.
- ***Établissant l'égalité et non l'équité comme fondement de la justice sociale.*** Ce n'est pas l'égalité qui nous fait identiques. C'est l'égalité en droit, l'égalité de l'être, l'égalité qui permet l'égale liberté, l'égale dignité de l'être à respecter, l'égale créativité à laisser s'exprimer, l'égal accès de tous aux responsabilités. Chacun de ces éléments est vécu différemment et c'est la richesse de l'humanité que de favoriser l'égale expression de cette différence. Cela suppose des structures qui favorisent cette égalité et c'est sa concrétisation qui fonde la justice sociale.
- ***Accès de chacun aux responsabilités.*** Une personne ne peut être totalement elle-même si elle ne participe pas à sa propre transformation qui s'opère par son action avec d'autres à l'amélioration du monde. Cette participation ne peut se réaliser que par le partage du pouvoir qui octroie à chaque personne une responsabilité concrète au sein de son équipe. Toute personne doit avoir une tâche à accomplir lui permettant d'exprimer et d'utiliser ses dons, ses capacités particulières au service de tous. Cette démarche étant réciproque.

1. *La création d'une* **communauté humaine** *est choix.*
2. **Sa réalisation** *dépendra de ce que chaque membre apportera.*
3. **La personne** *est au service de la communauté.*
4. *Comme la communauté est au* **service de chaque personne.**

La citoyenneté comme expression de notre finalité

La citoyenneté est l'expression de la démocratie réelle.

- ***C'est la création même de la vie.*** Il nous faut lutter pour que la violence et la corruption soient repoussées par la société tout entière, en commençant dans nos groupes, nos organisations. Lutter pour que toutes les forces sociales conjuguent leurs efforts, leurs talents et leur imagination pour trouver de nouvelles solutions aux nouveaux problèmes. il nous faut renoncer à l'inertie, à la routine, cesser d'être spectateur et consommateur pour devenir acteur, inventeur, concepteur de notre propre destinée.

- ***C'est l'alliance de la nature et de la culture.*** Dans laquelle savoir et sagesse populaire devront jouer un rôle aussi important que les immenses progrès des sciences et des techniques. Il nous faut prendre conscience, pour construire l'avenir, que nous avons un destin commun en tant que société planétaire et qu'il nous faut devenir citoyen du monde, avec les droits et les devoirs que cela comporte, Nous avons tous droit à la justice, à la solidarité, au dialogue.

- ***C'est surmonter la contradiction apparente entre le particulier et l'universel,*** entre le mondial et le national, entre la personne et le peuple. Il importe de sauvegarder la diversité, de la respecter, de l'encourager. Supprimer la différence c'est courir le risque de normalisation, d'uniformisation, donc de dictature. On ne peut prétendre à l'universalité si l'on n'est pas ancré dans le local. Il nous faut donc rechercher ce qu'il y a d'universel dans chacune de nos particularités.

- ***C'est éduquer par l'exemple.*** Pour lutter contre les inégalités dans la répartition des richesses entre les pays et à l'intérieur de chacun d'eux, les disparités dans la production et l'utilisation du savoir et de l'information, pour combattre les racismes, les dogmatismes, il faut éduquer par l'exemple. Les enfants, nos collègues, les populations se forgeront des attitudes en suivant, non pas ce que nous disons, mais ce que nous faisons.

- ***C'est oser le changement.*** Nous devons redonner à l'éthique toute sa valeur, de telle sorte que ce soient ses principes qui inspirent nos décisions et non les mécanismes du marché ou les résultats des sondages d'opinion. Ce qui importe en dernière instance ce n'est pas la « liberté du marché », mais la liberté des personnes et des peuples. Il nous faut mettre de la cohérence entre ce que nous disons et ce que nous faisons. Ce qui importe en priorité ce n'est pas le relèvement des écoles, des usines, des maisons, mais le relèvement de la personne. Il faut le crier.

1. *La citoyenneté n'est pas donnée, elle se* **construit.** *C'est un choix.*
2. *C'est une façon d'être au monde en fonction de nos* **choix.**
3. *C'est construire la vraie* **démocratie.**
4. *Grâce à la* **mise en pratique** *de nos valeurs par l'exemple.*

Les politiques

Nécessité des politiques

Les politiques sont l'application des finalités à l'organisation à laquelle nous appartenons. Elles s'inscrivent en accompagnement ou en réaction aux politiques choisies par les pouvoirs institutionnels. De ce fait elles contribuent au changement social en lui donnant un sens.

- ***Nature du politique.*** De polis = cité. C'est tout ce qui est relatif à la vie de la cité. C'est l'organisation des pouvoirs pour la mise en œuvre du fonctionnement de la cité, voire son amélioration et les changements que cela nécessite. Les politiques, en prenant en charge les problèmes de la cité, favorisent la vie des hommes en communauté. Les choix politiques ont donc pour vocation de procurer une existence digne à tout citoyen, de promouvoir sa liberté, pour qu'il participe activement à la construction de la cité.

- ***Orientation finale du politique.*** Instaurer des liens fraternels durables, comme au sein de chaque peuple, entre les peuples et les nations, entre les institutions, les organisations et les groupes. Ces moyens sont diversifiés : organiser le dialogue et la concertation entre les groupes de référence (religions, associations), mais aussi entre les groupes d'appartenance (famille, quartier, école, entreprise, etc.), favoriser le progrès du droit grâce à cette concertation. Il commence à la base avec des définitions de fonction claires au sein des groupes, avec l'élaboration de projets dans les organisations, avec la réalisation de codes de déontologie dans les institutions, etc. afin que chacun connaisse son territoire, ses droits et ses devoirs, en fonction d'un sens.

- ***Principe de réalité.*** Les politiques nous font passer des finalités qui peuvent être comprises comme des idéaux, des utopies, aux actes concrets pour la prise en charge de la réalité avec ses problèmes à résoudre. Elles décrivent comment atteindre une organisation de la vie de la cité qui incarne les valeurs choisies. Elles exigent que chaque personne, que chaque groupe ajuste ses désirs particuliers et utilise sa volonté. pour participer à la vie et à la construction de la cité. Le rapport aux autres n'est pas seulement le rapport avec ceux qui nous sont proches, mais englobe aussi les rapports avec l'humanité entière puisque nous faisons tous partie de la famille humaine. L'action de notre groupe, de notre organisation contribue, à sa place et par son exemple, à changer le monde.

1. *Les politiques sont* **l'application des finalités** *aux problèmes que nous avons à résoudre.*
2. *Les politiques nous aident à passer du* **particulier à l'universel** *et inversement.*
3. *Elles doivent être assez précises pour pouvoir se traduire en* **objectifs concrets.**
4. *Elles seront plus efficaces si nous les élaborons grâce au* **dialogue** *et à la* **concertation.**

Les politiques englobent le champ de la vie sociale

• ***Tous les domaines peuvent être*** pris en charge. Prenons quelques exemples.

- *Le social*. Une politique sociale se doit d'avoir une vision globale de l'ensemble des problèmes sociaux pour mieux situer celui qui sera pris en charge : logement, travail, famille, santé, etc.
- *L'économique*. Une politique économique suppose que chaque membre élargisse son champ culturel. On peut alors choisir le problème à assumer : production, consommation, revenus, etc.
- *Le culturel*. Même démarche pour situer le problème particulier dans son contexte culturel au sens étroit : cinéma, littérature, arts, etc. ou au sens large ; économique, politique, religieux, etc.
- *Le scientifique*. Là aussi la connaissance de l'ensemble du champ scientifique permet de mieux situer l'aspect particulier, en sachant utiliser les apports d'autres secteurs.

• ***Tous les secteurs.*** Ils sont forcément situés dans un domaine plus large. Il faut alors aborder l'aspect concret par lequel notre organisation et nos groupes sont concernés.

- *La santé*. Une politique de la santé rentre dans le cadre d'une politique sociale. Elle se décompose elle-même en objectifs finals dans les domaines de la prévention, des soins, etc.
- *Le travail* fait partie d'une politique économique. La connaître, soit pour l'accompagner, soit pour en proposer une autre qui nous semble correspondre davantage à nos finalités.
- *Les salaires* font partie d'une politique des revenus déterminée par l'État ou le patronat. Savoir quelle politique des salaires nous voulons promouvoir donnera du sens à notre action.

Tout problème particulier fait partie d'un ensemble plus large.

• ***Tous les niveaux.*** Toute politique s'applique sur un territoire donné. Souvent elle les englobe tous de la base au sommet, car tout problème a des racines locales, mais sa résolution nécessite la mobilisation de tous les niveaux locaux.

- *Le groupe* qui est l'échelon de base où les personnes perçoivent et prennent en charge les problèmes avec d'autres groupes de l'organisation ou association.
- *Le local* qui est le territoire où se vivent les problèmes qui nécessitent souvent la rencontre d'autres groupes, d'autres organisations.
- *Le régional* va devenir le lieu de coordination des actions conduites sur un problème pour rassembler les forces en présence.
- *Le national* sera le niveau institutionnel où peut se régler le problème pris en charge. Au plan local on règle les problèmes quotidiens et on prend conscience de l'ampleur des problèmes.
- *L'international* devient aujourd'hui un niveau de plus en plus concerné avec la mondialisation, la construction de l'Europe, les délocalisations, etc.

> 1. *Une politique c'est passer de la théorie des finalités à la* **pratique.**
> 2. *Les politiques concernent* **tous les domaines.**
> 3. *Elles font le* **lien** *de la base au sommet.*
> 4. *Elles concrétisent les valeurs au niveau de* **l'application générale.**

La mise en œuvre des politiques

- ***Les politiques clarifient.*** Le choix des politiques et leur contenu évitent les décisions prises au coup par coup. Elles nous obligent à avoir un projet cohérent qui détermine les moyens ct les étapes de mise en œuvre pour les réaliser. Chaque politique particulière (alphabétisme) est située dans le cadre d'une politique plus large (l'éducation). Cela nous apprend à situer toute action particulière dans son contexte général.

- ***Les politiques déhiérarchisent les domaines.*** Il n'y a pas de difficulté plus importante en soi. Il y en a à laquelle on est affronté et qu'il faut résoudre, même si certains la trouvent mineure. Cette petite difficulté peut cependant bloquer toute la vie du groupe. C'est le fameux grain de sable qui enraye la machine. Tant qu'il n'est pas enlevé, la machine ne tourne pas. Sachons apprendre à discerner l'ordre de prise en charge des domaines en fonction des situations locales. Il se peut que dans un groupe telle difficulté soit mineure et dans un autre elle soit majeure.

- ***Les politiques donnent une unité de vue*** aux membres des groupes et des organisations. Elles les font agir tous dans la même direction pour chaque problème pris en charge. Pour que la cohérence soit assurée, il faudra faire l'effort de rédiger un texte pour avoir un document auquel se référer en cas de désaccord. Les désaccords seront d'autant moins fréquents que l'ensemble des membres du groupe, puis de l'organisation, aura participé au choix de la politique, à son élaboration, à sa clarification.

- ***Les politiques sont en interaction.*** Dans le cadre de nos finalités, plusieurs politiques seront à élaborer. Ce qui fera leur point de convergence c'est la finalité. Malgré cela chaque politique est en interaction avec les autres au sein de l'organisation. C'est-à-dire que chaque politique est marquée, enrichie, influencée par les autres politiques internes. En outre chaque politique sera, qu'on le veuille ou non, en interaction avec les politiques d'autres organisations qui abordent le même problème. Il y aura alors choix, collaboration, coopération ou opposition.

- ***Les politiques sont vivantes.*** Une fois rédigées elles ne changent plus jusqu'à leur aboutissement. Sinon, si on change l'orientation, on ne réalisera jamais notre politique. Cependant la vie c'est le changement. Il se peut que la conjoncture se modifie. On ne peut continuer à avancer dans une direction qui s'est modifiée. Il faudra en tenir compte. Ce sera peu fréquent car, si les finalités sont conçues pour le long terme, les politiques sont élaborées pour le moyen terme et les objectifs pour le court terme. Sachons rester en prise directe avec la vie.

1. *Une politique doit avoir un* **contenu** *clair et précis.*
2. *Elle doit être élaborée par les* **personnes concernées.**
3. *Nos politiques sont* **influencées** *par d'autres et en influencent d'autres à leur tour.*
4. *Il faut savoir être* **ouvert** *aux changements quand c'est nécessaire.*

Un régulateur des politiques : le code de déontologie

• ***Sa raison d'être.*** Nous vivons dans un monde en évolution constante et rapide. Les références, les normes, les lois, les droits, les devoirs, qui s'appliquaient aux difficultés du passé, ne correspondent plus toujours aux problèmes présents. C'est dû aux découvertes de la science et à l'évolution des mentalités. Cependant ces dernières évoluent plus lentement que les changements techniques. Aussi, si nous voulons donner un sens aux changements, il est important que nos mentalités anticipent les transformations pour les orienter en fonction de nos choix et non l'inverse.

• ***Des changements en tous domaines.*** Il nous faut donc bâtir des règles qui prennent en compte les découvertes et leurs conséquences. C'est vrai pour la vie des groupes et des organisations. Ils gèrent des fonds très importants. Pour éviter les dangers de malversation, il devient nécessaire d'avoir un code de déontologie qui fixe les règles de fonctionnement.

• ***Élaboration d'un code de déontologie.*** Elle doit être faite par les membres du groupe, de l'organisation, voire de l'institution. Celle-ci doit faire participer toutes les personnes concernées à la réalisation du code. Les personnes peuvent se faire assister par des spécialistes, mais ce sont elles qui, en dernière instance, rédigent. Situer en outre l'organisation dans la particularité tant de ses membres, du milieu, que des problèmes qu'elle a choisi de prendre en charge.

• ***Contenu possible d'un code de déontologie***

1. *Le préambule* : rappelle la raison d'être du code et la façon de l'utiliser.
2. *Le choix de ses fondements éthiques et moraux :* en reprécisant sa conception de la personne et de la société, ainsi que les valeurs qui ont été choisies pour donner sens à l'action.
3. *Les principes de relations internes et externes*

- à l'égard des personnes
- à l'égard des autres organisations de même nature (familiale)
- à l'égard des organisations d'autre nature (familiale, culturelle, syndicale)

4. Les fonctions de l'organisation. Rédiger les principales

- touchant à l'orientation - la gestion - l'administration - l'animation

5. *Préciser les devoirs*. Règles définissant l'exercice correct du métier ou des responsabilités. Les fondements de l'association dans le respect de ses valeurs, de ses politiques, de ses objectifs. L'altitude à l'égard des bénévoles et des salariés ainsi qu'à l'égard de la population,
6. *Rappeler les droits*. En particulier les définitions de fonction de chaque membre, le champ des décisions individuelles et collectives.
7. *Les sanctions éventuelles*.

> 1. *Tout groupe, toute organisation devrait faire* **référence** *à un code de déontologie.*
> 2. *S'il n'y en a pas, le* **rédiger.**
> 3. *Avec les personnes* **concernées.**
> 4. *Le* **revoir** *chaque année.*

Les objectifs

Les différents niveaux d'objectifs

- ***La notion d'objectif*** (du latin *ob-jectum*, qui est jeté devant). Ce qui a rapport à l'objet, qui est placé devant le sujet. C'est, à partir de l'analyse du réel, se projeter dans l'avenir pour déterminer ce que l'on veut faire, à quoi l'on veut aboutir. on n'arrivera jamais nulle part si on ne sait pas où l'on va. Les objectifs se situent à plusieurs niveaux.

- ***Les objectifs personnels.*** C'est le point de départ. Cela répond à un besoin profond de l'être. Cette direction peut nous être dictée inconsciemment par les idéologies du milieu dans lequel nous vivons. Il est important d'en être conscient pour savoir si nos choix sont libres ou conditionnés. Trois directions s'offriront à nous : 1. avoir des objectifs de promotion personnelle, **exclusivement** ; 2. utiliser notre promotion **pour** aider les autres ; 3. utiliser notre promotion pour agir **avec** les autres.

- ***Les objectifs des réunions.*** Nous appartenons à des organisations dont les objectifs correspondent aux nôtres. nous acceptons, de ce fait, de participer aux réunions de notre groupe. Chaque réunion aura un objectif clair et précis qui doit être atteint à la fin de la réunion. « Organiser un voyage pour les élèves du collège » : à la fin de la réunion le voyage doit être organisé. Pour cela il est nécessaire que les participants connaissent l'objectif avant la réunion pour la préparer.

- ***Les objectifs du groupe.*** Pour qu'une réunion soit efficace, il faut aussi qu'elle soit insérée dans la vie du groupe, qu'elle s'inscrive comme une étape parmi d'autres de la vie du groupe, qu'elle soit orientée par les objectifs à atteindre. L'ensemble des problèmes est organisé dans un plan d'année en fonction d'une politique qui aura été établie.

- ***Les objectifs de l'organisation.*** Notre groupe fait partie d'une organisation. Un Conseil de parents d'élèves, par exemple, est affilié à une fédération. Il est nécessaire de connaître les objectifs de notre organisation afin que l'action du groupe et ses réunions soient situées dans le cadre général de ses orientations.

- ***Interaction des différents niveaux.*** On pourrait croire avec cette démarche que la base s'inscrit dans le cadre des directives du sommet. En démocratie, il n'en est rien. Il y a interaction base/sommet, sommet/base. Car c'est par la vie de la base qui remonte que l'organisation restera en prise directe avec la réalité de la vie.

> 1. *Les objectifs sont toujours* **situés.**
> 2. *Il faut qu'il y ait* **cohérence** *entre les niveaux pour être efficace.*
> 3. *Il y a* **interaction** *entre les objectifs locaux et nationaux ou internationaux.*
> 4. *Un objectif doit être* **relié** *aux politiques et aux finalités.*

La détermination des objectifs

Un objectif qui ne pourrait être atteint ne servirait à rien puisque, après la finalité qui éclaire le long terme, les politiques qui précisent le moyen terme, les objectifs prennent en charge le court terme.

• ***Les qualités d'un objectif*** pour être sûr d'être atteint :
- univoque : c'est-à-dire n'avoir qu'un sens, pas d'équivoque
- observable : même par les personnes non concernées
- mesurable : à chaque étape de l'action et à la fin
- mobilisateur : partir du niveau de conscience des personnes
- personnalisable : pour pouvoir répartir les responsabilités entre tous.

• ***La rédaction de l'objectif.*** Il comporte quatre paramètres.
1. L'action préconisée : nécessite l'utilisation d'un verbe d'action.
2. Les personnes et groupes concernés : cela précise qui doit agir, avec quels partenaires.
3. Les changements à opérer : cela indique l'aboutissement de l'action.
4. Les délais à respecter : pour éviter la dispersion.

- *Objectif de formation : Organiser une formation à l'accueil (1) pour le personnel du service de X (2) avec l'organisme Y (2) pour faciliter l'accueil des malades (3) dans la dernière semaine de juin (4).*

• ***Question à se poser pour élaborer un objectif***
1. A-t-on analysé les besoins individuels des personnes ?
2. A-t-on perçu les besoins collectifs ?
3. Les objectifs seront-ils élaborés par les personnes concernées ?
4. Les objectifs contiennent-ils les 4 paramètres ?
5. Les objectifs sont-ils clairement perçus par les personnes concernées ?
6. Les objectifs sont-ils en corrélation avec les finalités et les politiques ?
7. Les objectifs sont-ils situés dans le cadre d'un projet ?
8. Les différents objectifs sont-ils cohérents entre eux ?
9. Chaque membre est-il conscient des enjeux de changement ?
10. A-t-on prévu de faire le point en cours de réalisation ?

• ***Distinguer objectif final et objectif intermédiaire.*** Un objectif important ne peut être atteint en une seule fois. Il est donc nécessaire de prévoir des objectifs intermédiaires qui seront autant d'étapes de progression vers l'objectif final.

> 1. *Un objectif doit toujours être très* **précis.**
> 2. *Il doit être* **mobilisateur.**
> 3. *Il doit pouvoir être* **atteint.**
> 4. *Il doit être* **décomposé** *en objectifs intermédiaires.*

La démarche d'élaboration des objectifs

1. Analyse de la réalité. Un objectif naît de la conscience d'un problème. Il y a donc tout un travail de conscientisation à faire si l'on ne veut pas que seuls les responsables, qui ont perçu les problèmes, imposent leur vision aux autres membres de l'équipe. Même s'ils ont raison.

2. Rassembler les matériaux. Une fois la situation choisie, il faut élargir notre champ de conscience pour situer la difficulté dans son contexte, étudier le climat dans lequel elle est insérée. Le problème peut être important, mais ne pas être mobilisateur car trop de forces contraires, forces idéologiques souvent, préconisent des solutions de facilité qui faussent l'analyse.

3. Débattre en équipe de la façon dont sera prise en charge la difficulté. Repérer ses alliés, ses adversaires, le niveau de conscience des militants, de la population. Il ne sert à rien aux responsables d'avoir raison seuls. Il faut toujours partir du niveau de conscience des personnes concernées.

4. Rédiger l'objectif de façon réaliste. Le choisir mobilisateur, c'est sa qualité première. S'il ne l'est pas, il vaut mieux changer d'objectif. Dans sa rédaction utiliser les quatre paramètres :

1. l'action préconisée
2. les personnes et groupes concernés
3. les changements à opérer
4. les délais à respecter.

5. S'assurer du consensus pour percevoir si tous les membres du groupe sont d'accord, si tout le monde a compris l'objectif de la même façon, s'il y a cohérence entre tous les éléments de l'objectif, entre tous les membres du groupe, entre tous les groupes de l'organisation, si chaque membre à chaque niveau est conscient des enjeux de changement et des répercussions de l'action.

6. Se poser les 10 questions de la page précédente. Cela permet à l'équipe de vérifier que l'action qu'elle va entreprendre correspond clairement à ses choix. Profiter de cette occasion pour obtenir des réactions de chacun et éventuellement affiner la rédaction de l'objectif pour qu'il soit sans équivoque et ait l'accord de tous.

7. Dernière vérification. L'objectif est-il en corrélation avec les finalités et les politiques qui ont été choisies ou qui sont celles de l'organisation à laquelle on appartient ? Cela évitera que, sur l'ensemble du territoire, certains aient des objectifs d'une nature et d'autres des objectifs qui vont dans une autre direction. C'est là que le référentiel écrit est important pour départager les oppositions et recréer la cohérence.

> *1. Une procédure facilite la* **rédaction** *des objectifs.*
>
> *2. Chaque* **étape** *doit être respectée si l'on veut être efficace.*
>
> *3. L'élaboration sera toujours l'émanation des personnes* **concernées.**
>
> *3. Respecter toujours les* **autres paramètres.**

La compétence

Devant la montée de la complexité et afin que chaque personne soit apte à participer activement à la vie de son groupe et, en particulier, à l'élaboration des finalités, des politiques, des objectifs, il devient indispensable d'élargir notre champ de compétences.

• ***Compétence technique.*** Dans chaque responsabilité il y a un aspect technique.

- *Spécialisation.* Cela nous demandera, que nous soyons bénévole ou salarié, d'acquérir la maîtrise nécessaire pour remplir correctement notre tâche, notre fonction, notre travail professionnel.
- *Pluridisciplinaire.* Notre spécialité est liée à d'autres spécialités. Elle dépend d'elles comme elles dépendent de nous. D'où la nécessité, si l'on veut pouvoir travailler en équipe, d'acquérir un minimum de compétences sur les autres spécialités.

• ***Compétence humaine.*** Notre spécialité nous met en relation avec d'autres.

- *Psychologie.* Il est utile d'acquérir des notions de base : nous permettre de nous connaître, essayer de connaître les autres, mais surtout faire les efforts nécessaires pour les comprendre.
- *Sociologie.* Nous vivons dans des groupes. Un certain nombre de phénomènes de groupe existent. Si nous ne les connaissons pas nous ne pourrons pas comprendre ce qui se passe, ni les utiliser pour faciliter la vie d'équipe.

• ***Compétence dynamique.*** Le monde évolue, Nous devons y contribuer aussi.

- *Recherche.* Par notre spécialisation, nous pouvons, à partir de notre expérience, réfléchir à des changements d'amélioration possibles. Il est important d'apprendre à conceptualiser notre pratique.
- *Formation.* Il faudra transmettre ce que nous avons découvert à d'autres. Pour cela il sera utile d'apprendre à élaborer des messages clairs et se familiariser avec la pédagogie pour expliquer simplement les choses compliquées.

• ***Compétence participative.*** La citoyenneté passe par la participation sous quatre aspects,

- *L'orientation.* afin de clarifier, mettre à jour, nos finalités, nos politiques, nos objectifs.
- *L'animation.* Dans notre domaine de compétence, quand il sera abordé, ce sera à nous d'animer le groupe sur le sujet.
- *La gestion.* C'est la capacité d'assumer notre responsabilité dans le sens des choix politiques de l'organisation, tant dans les domaines techniques, financier qu'humain.
- *L'administration* sera nécessaire pour fabriquer les outils indispensables, pour assumer correctement orientation, animation, gestion.

1. *Notre champ de compétences doit* **s'élargir.**
2. *Si on se forme, tout le monde est capable d'arriver à* **approfondir** *sa compétence.*
3. *Ce qui compte ce ne sont pas les techniques mais les* **hommes** *qui les maîtrisent.*
4. *La compétence permet à chacun de* **développer** *ses capacités.*

Chapitre 2

Définir un projet

Réaliser un projet

Raison d'être du projet du groupe

Le projet est la synthèse des priorités que le groupe s'est fixées, dont le sens est donné par les finalités, les politiques, les objectifs, et permettant la prise en charge des problèmes choisis par le groupe et l'organisation. Le projet vise à obtenir l'adhésion de l'ensemble des membres.

1. Le projet cristallise la dimension éthique des organisations et des groupes. C'est lui qui donne un sens à l'action. Il apporte une réponse constructive à tous les membres. Le projet est un point de référence permanent. C'est un repère qui évite les déviations en cours d'action.

2. Le projet satisfait un besoin de clarté. C'est une réponse à la complexité croissante de la vie sociale. Il permet aux groupes de se situer dans leur démarche de participation au changement en assumant leur spécialisation face aux problèmes choisis et pris en charge. Il permet d'assumer les contradictions internes (entre théorie et pratique par exemple) pour les surmonter.

3. Le projet permet de donner cohérence aux différentes actions en prenant en compte les contraintes de tous ordres : financières, techniques, sociales, relationnelles, etc. Nombreux sont les choix qui apparaissent comme divergents. Le projet agit comme catalyseur. Il polarise et fait converger l'ensemble des objectifs dans une direction commune.

4. Le projet permet à chaque membre de s'impliquer dans la vie du groupe :
- par la démarche participative de toutes les personnes concernées,
- par la dimension collective du partage avec d'autres d'un avenir commun à construire ensemble,
- par le contenu qui fait référence explicitement aux valeurs fondamentales choisies par le groupe.

5. Le projet favorise l'association de toutes les personnes du groupe. Il leur permet de se mobiliser, pour réaliser ensemble une œuvre commune, tout en dépassant les difficultés du présent, pour utiliser toute l'énergie de chacun dans la construction du futur tracé par le projet.

> *1. Un projet donne une* **direction***, un sens, à ses actions pour connaître la destination.*
>
> *2. Il doit préciser le* **contenu** *à donner aux objectifs.*
>
> *3. Le projet indique* **l'itinéraire** *à suivre pour atteindre les objectifs.*
>
> *4. Il est élaboré par tous les* **membres** *du groupe.*

Quelques règles à respecter

Élaborer un projet ce n'est pas seulement avoir des objectifs à atteindre, leur donner un sens et prévoir des étapes. C'est aussi s'inscrire dans une démarche de changement social qui contribue, dans le même mouvement, au changement des personnes qui l'élaborent et le mettent en œuvre.

1. Ne pas avoir de projet sur autrui. Nous voyons souvent ce qu'il faudrait changer chez les autres ou dans la société. Ce peut être un moyen de fuir nos propres problèmes personnels et d'éviter parfois de percevoir les problèmes à régler dans notre propre groupe ou organisation et de ne pas toucher aux problèmes de société auxquels nous sommes affrontés.

2. Émergence des désirs de chacun. Faire remonter toutes les aspirations des membres de nos groupes permettra de percevoir les manques ressentis par les uns et les autres. En les faisant préciser, on rassemble les matériaux nécessaires pour tracer les grandes lignes du changement. Reste à confronter les désirs des personnes aux besoins du groupe.

3. Repérer les besoins. Ils surgissent des désirs individuels quand ils rencontrent les mêmes désirs chez les autres. Le désir suscite le besoin. Alors que, si l'on part des besoins, on peut tuer le désir, car, trop souvent, nos besoins sont suscités par la publicité, par le conditionnement idéologique, etc. D'où nécessité d'en prendre conscience pour distinguer d'où surgit le besoin.

4. Le projet, un moyen au service des personnes. Les membres du groupe, en élaborant leur projet, apprennent à se prendre en main. Ils développent ainsi leur autonomie de personne, mais aussi leur socialisation, car le projet est une démarche collective qui apprend à chacun à tenir compte de l'autonomie des autres et à faire de cette rencontre un moyen d'amélioration de la société.

5. Le projet, un moyen de changement au service de la société. L'analyse de la réalité permet de découvrir des situations concrètes insatisfaisantes (prise de conscience). Il faudra ensuite choisir les situations importantes pour le groupe concerné (choix). L'analyse permettra de déceler pourquoi il en est ainsi, de façon à remonter des effets aux causes pour s'attaquer à celles-ci.

6. Apprendre à anticiper. C'est avoir une visée prospective qui tienne compte des mutations en cours. Le sens donné doit favoriser l'épanouissement des personnes et l'établissement de relations solidaires, pour construire une société de personnes libres et responsables.

> *1. Le projet est un projet* **sur nous** *et non sur autrui.*
>
> *2. Partir des* **désirs** *des personnes, les confronter aux besoins du groupe.*
>
> *3. Le projet, un* **moyen** *au service des personnes et de la société.*
>
> *4. Le projet, un apprentissage* **d'anticipation.**

Le projet de notre organisation

- ***Notre conception du projet.*** C'est un projet global qui récapitule l'ensemble des orientations de l'organisation, mais aussi sa situation par rapport, d'une part, au projet personnel de chacun de ses membres et, d'autre part, au projet de l'institution dans laquelle l'organisation est insérée (agriculture, santé, famille, école, entreprise, etc.). Cette conception du projet oblige à se projeter dans l'avenir en tenant compte de la réalité dans laquelle nous sommes inséré.
- ***Adopter une attitude créative.*** Le contexte d'aujourd'hui, dans sa complexité, son incertitude et la rapidité d'évolution de la société, place le projet au cœur d'une volonté de maîtrise des changements, pour leur donner une direction, un sens correspondant aux valeurs que nous désirons promouvoir. C'est donc à une rupture avec ce qui existe que nous sommes convié.
- ***Identifier l'état présent.*** Toute élaboration de projet nécessite, au départ, de connaître la situation dans laquelle nous vivons, de quoi est faite cette réalité, pour comprendre comment on en est arrivé aux problèmes actuels. Faire un diagnostic.
- ***Définir et exprimer le projet.*** Ce travail de connaissance et de compréhension nous aidera à mettre en regard la situation de départ et l'objectif à atteindre pour arriver à l'état désiré. Cela nous permettra de cerner les obstacles et de rechercher les ressources pour élaborer une stratégie.
- ***Explorer les possibles.*** Cette phase met en œuvre la capacité créatrice des personnes dans la recherche de différentes hypothèses pour la mise en œuvre du projet. La confrontation et le test de ces hypothèses permettent de choisir la solution la plus appropriée.
- ***Étudier la faisabilité.*** La cohérence du projet doit alors être vérifiée, ainsi que sa possibilité de réalisation, en débattant des différents aspects du projet. Il est alors possible de préciser les différentes étapes de mise en œuvre du projet.
- ***Formuler le projet.*** Pour dépasser les seules intentions généreuses, le projet doit se traduire dans une formulation organisée autour de l'objectif final et des objectifs intermédiaires situés dans une progression par étapes ; en précisant les moyens, les méthodes et les procédures à utiliser ; en répartissant les responsabilités entre les différentes personnes des groupes ; pour arriver à établir les critères permettant de faire un contrôle régulier des étapes d'avancement, sans oublier les aspects financiers et un bilan final pour mesurer les écarts entre objectifs et réalisation.

1. *La perception par chaque personne des* **enjeux** *du projet grâce au diagnostic.*
2. *Le discernement de la* **réalité** *et de son devenir devient alors moteur pour la réalisation.*
3. **Mobilisation** *de toutes les énergies individuelles et collectives.*
4. *Adopter une altitude* **créative.**

Structure d'un projet

1. Prise de conscience des besoins et des problèmes

2. Réalité de la société face à ces problèmes *(différents aspects)*

* économie (avoir)	* biologie (physique)	* histoire (temps)
* politique (pouvoir)	* psychologie (affective)	* géographie (espace)
* idéologie (valeurs)	* philosophie (pensée)	* religion (sens)

3. Objectifs de l'organisation

* finalité	* niveau de personne	* manière de vivre
* politique	* groupe	* d'être ensemble
* objectif (final)	* organisation	* de coopérer
* objectifs intermédiaires	* institution	* de changer

4. Programme des changements à opérer

* liste	* long terme	* responsables (conscience)
* importance	* moyen	* adhérents
* urgence	* court	* population

5. Ressources dont on dispose

* personnes	* moyens	* fonds propres
* groupes	* méthodes	* emprunts
* spécialistes	* institution	* subventions

6. Stratégie de réalisation : itinéraire

* étapes (déroulement)	* objectif (organisation)	* contraintes (prévision)
* planning	* priorités	* obstacles
* outils	* responsabilité	* climat
* bilans	* échéances	* remède

7. Coût financier

* par postes	* dépenses	* plan de trésorerie
* par activités	* recettes	* compte d'exploitation
* l'ensemble	* balance	* bilan

8. Fonctionnement dans l'action

* les équipes	* documentation	* animation
* les partenaires	* information	* gestion
* les adversaires	* formation	* administration

9. Bilan

En cours d'action	En fin d'action	Décisions correctives

1. Avoir une **vision d'ensemble** *du contenu.*

2. Percevoir la totalité de la **démarche.**

3. Comprendre chacune des neuf **étapes.**

4. Veiller à la **cohérence** *de l'ensemble.*

Les réunions

Conditions pour avoir des réunions efficaces

La réalisation du projet nécessite des rencontres régulières des membres du groupe, des réunions avec des partenaires, des rassemblements avec la population, de nombreuses séances de travail, etc.

1. Se réunir sur des objectifs clairs et précis. Une réunion doit toujours être située dans le cadre d'un projet qui indique les objectifs importants à atteindre, précisant : 1. l'action préconisée, 2. les personnes et groupes concernés, 3. les changements à opérer, 4. les délais à respecter.

2. Se réunir si c'est le moyen plus efficace. Avant de convoquer à une réunion : 1. Faire le tour des autres moyens : téléphone, courrier, contacts personnels, etc., choisir le moyen le plus efficace ; 2. Vérifier que les décisions individuelles ont été prises quand cela règle une difficulté.

3. Se réunir avec les personnes concernées. C'est le critère le plus judicieux pour favoriser l'expression de chacun. Quand on est touché par un problème, on le connaît, on est compétent, on peut donc en parler facilement. Cela ne sera pas un débat théorique et les autres participants écouteront plus volontiers car on partira de la vie.

4. Favoriser l'expression des « Je » de chaque personne. Une personne concernée dit plus spontanément « Je ». Ainsi on facilite la découverte de l'ensemble des perceptions du problème. C'est la synthèse des « Je » qui permettra d'arriver à un « Nous » porteur d'une conscience collective.

5. Éliminer tout contact avec l'extérieur. Pendant une réunion la consigne doit être stricte : n'être dérangé sous aucun prétexte. Le monde ne s'écroulera pas pendant la durée de la réunion. Une fois la règle admise et respectée, le groupe peut travailler en toute quiétude.

6. Choisir les techniques appropriées. Comme tout travail, une réunion a besoin d'outils : moyens (convocation, plan, compte rendu), méthode (analyse, synthèse), procédure variant d'un type de réunion à l'autre (information, décision, recherche, etc.),

7. Faire des bilans réguliers. Chaque année, le groupe fera l'analyse, la critique et, surtout, trouvera des remèdes efficaces à expérimenter au cours de la nouvelle année afin d'améliorer l'expression des personnes et l'efficacité de l'équipe.

> 1. *Une réunion c'est une méthode* **vivante** *qui s'enrichit avec l'évolution du groupe.*
> 2. *Une réunion a besoin de* **rigueur** *pour rendre service au groupe.*
> 3. *Une réunion rassemble les personnes* **concernées** *par un problème.*
> 4. *Les objectifs doivent être situés comme une* **progression** *vers les objectifs du groupe.*

Réunions

La diversité des réunions

- Les réunions, un champ d'interactions

- Toute réunion mobilise des personnes avec des compétences, des responsabilités, des aspirations, des désirs, des personnalités différentes.
- Toute réunion utilise des techniques avec la complémentarité des moyens (outils) et des méthodes (la façon de les utiliser).
- Toute réunion constitue un champ de forces dans lequel interagissent des phénomènes physiques (fatigue), affectifs (attirance) et intellectuels (intelligence).

- ***Les réunions sont un moment de la vie du groupe***

- La réunion est le moment où le groupe est réuni. Pour qu'elle ait lieu, il a fallu faire une convocation, que chacun réfléchisse à ses interventions. Ainsi, avant la réunion, le groupe vit sans que les membres soient ensemble. Il en est de même après la réunion où il est nécessaire d'exécuter les décisions prises et, pour chacun, de réaliser les tâches qui lui ont été imparties. Là encore, le groupe vit sans que ses membres soient réunis.
- Les réunions permettent cette alternance travail collectif/travail individuel.
- Programmées dans un projet, elles deviennent un moyen pour rendre le groupe efficace.

- ***Les réunions ne sont pas toutes de même nature***

- Le groupe, pour travailler, a besoin d'informations, de réflexion, de décision, d'action, de rencontres avec d'autres partenaires. Pour cela, différents types de réunions existent.
- Les différentes formes sont ainsi complémentaires et contribuent, chacune à sa façon, à construire le groupe, à lui assurer cohésion et efficacité dans l'action.
- Il est important d'apprendre à connaître leur particularité, à les maîtriser et à savoir les utiliser en fonction des besoins du groupe.

- ***Les réunions ne sont pas toutes de même caractère***

- Les réunions peuvent être fonctionnelles, quand elles permettent la rencontre des responsables de même fonction. Tous les responsables-information formeront la Commission information. Tous les responsables-salaires formeront la Commission salaires, par exemple.
- Elles peuvent être politiques lorsque les animateurs des différents groupes se retrouvent pour coordonner les activités de leurs groupes.
- Elles peuvent être pluridisciplinaires quand des spécialistes de différentes disciplines se retrouvent pour étudier un domaine nécessitant l'éclairage et la compétence de leur discipline.

1. *La diversité des réunions permet de mieux* ***prendre en charge*** *les problèmes.*
2. *Cette diversité facilite une* ***progression :*** *information, recherche, décision.*
3. *Chaque réunion* ***jalonne*** *la vie du groupe.*
4. *Chaque réunion s'insère dans un* ***réseau*** *de relations.*

Les facteurs intervenant dans toute réunion

• ***Au plan des personnes***

Trois facteurs sont toujours présents dans chaque réunion. S'il est nécessaire de les distinguer du fait de leur particularité, il est indispensable d'en connaître et d'en maîtriser les interactions.

- *Les participants :* Ce sont toutes les personnes présentes à la réunion. Chacun vient avec sa personnalité, ses problèmes, son expérience, son histoire. Connaître et comprendre chaque personne est une nécessité si l'on veut tendre à ce que chaque membre du groupe ait une responsabilité au service de l'ensemble.
- *L'animateur :* Là où il n'y en a pas, c'est le règne des *leaders*. De ce fait, il est difficile de limiter ou de canaliser leur influence. L'animation est une fonction nécessaire. Elle évolue avec la prise de conscience par les participants de leur capacité d'autonomie. Il est donc utile que la fonction de l'animateur puisse être définie par le groupe et que cette définition évolue, comme toutes les autres fonctions, en tenant compte de l'évolution du groupe.
- *Le groupe :* Lorsque les réunions se font au coup par coup, quand elles ont lieu avec des participants différents, un groupe ne peut se constituer. Le temps ne permet pas alors une évolution individuelle et collective des membres. C'est la cause principale de l'inefficacité des réunions. Le groupe se constitue sur la durée avec les mêmes personnes.

• ***Au plan des techniques***

Une réunion, pour être efficace, doit disposer d'un certain nombre d'outils.

- *Des moyens :* Ce sont des éléments très pratiques, comme une salle avec ses équipements, son cadre, son environnement. C'est aussi tout ce qui va faciliter le travail de préparation (convocation, etc.), de déroulement (prise de notes, tableau, etc.) ou de suivi (compte rendu, bilan, etc.).
- *Des méthodes :* C'est la façon dont on utilise les moyens. Le tableau est-il seulement l'outil de l'animateur ou chaque membre peut-il l'utiliser ? Le compte rendu sert-il seulement aux responsables ou est-ce un outil pratique pour les membres du groupe ? etc. Ce sont aussi différentes façons de travailler : méthode d'analyse, méthode de synthèse complémentaire ; maternage de l'animateur qui, par sa pédagogie, fait parler les participants ou spontanéité des membres due à la préparation préalable et que canalise l'animateur, etc.
- *Des procédures :* C'est l'organisation d'ensemble des moyens et des méthodes dans un déroulement cohérent, pour faciliter tant l'expression de chacun que la progression du groupe vers l'objectif de la réunion.

1. *Les facteurs sont* **inséparables.**
2. *Les facteurs* **humains** *sont déterminants.*
3. *Les facteurs* **techniques** *sont indispensables.*
4. *Les facteurs sont toujours en* **interaction** *les uns avec les autres.*

Procédure générale pour tout type de réunion

• ***Préparation***

- *L'animateur.* Sur le **thème** choisi par le groupe, il propose un **objectif**, prépare un **plan** et choisit une **procédure**. Il envoie sa préparation sous forme de convocation.
- *Les participants.* À la réception de la convocation, chacun réfléchit aux problèmes en dégageant sa pensée personnelle, à partir de son expérience et des informations qu'il possède.

• ***Déroulement***

1. Introduction

L'animateur rappelle la proposition de la convocation : le Thème, l'Objectif, le Plan (TOP).

2. Discussion pour accord

Démarrer une réunion sans s'être assuré que tout le monde est d'accord sur le TOP, c'est courir le risque de déviance. Si des participants ayant préparé leur réunion veulent apporter quelques modifications, il vaut mieux le faire au début pour avoir l'accord du groupe.

3. Travail de la réunion

Suivant la nature de la réunion, le déroulement se fera en tenant compte de sa particularité

- réunion d'information
- réunion de recherche : ces types de réunion ont chacun une procédure particulière
- réunion de décision : avec analyse et synthèse
- réunion de stratégie

Mais, quelle que soit sa nature, une réunion doit toujours favoriser

- l'expression de chacun
- l'écoute de celui qui parle
- la compréhension de ce qui est dit
- l'affrontement en cas de différence ou de divergence
- la recherche de l'unité dans la diversité

4. *Synthèse*

Une réunion n'est qu'un moment de la vie du groupe. Il est souhaitable de s'habituer à faire des synthèses reprenant les points communs, les points différents, les points divergents. De cette façon, chaque membre du groupe apprend à vivre avec les points d'accord et les désaccords. C'est un apprentissage pour vivre au quotidien l'acceptation de la différence.

• ***Suivi***

En particulier sur les décisions et leurs réalisations.

> *1. Une procédure donne de la* **cohérence** *à une démarche.*
>
> *2. Elle* **facilite** *le travail en équipe.*
>
> *3. Les procédures sont* **différentes** *selon les types de réunion.*
>
> *4. Les procédures doivent être* **connues** *et maîtrisées par chaque membre.*

Le plan

Faire un plan

Réaliser un plan n'est pas facile. Cependant ceux qui feront l'effort d'en faire un auront la joie de voir leur pensée se clarifier. La communication en sera facilitée et la compréhension augmentée.

1. Structure

11. Introduction : Elle permet de rappeler l'objectif et de dégager le déroulement.

12. Développement : C'est ici que s'applique la notion de plan méthodologique, chronologique ou logique. Il conviendra de faire apparaître les idées principales et les idées secondaires.

13. Synthèse : Elle reprend les idées principales.

Ne pas confondre structure et plan.

2. Choisir un type de plan

Il existe plusieurs catégories de plan.

21. Le plan chronologique : Il situe le déroulement de l'exposé ou de la réunion dans le temps. La structure peut en être : avant, pendant, après.

22. Le plan méthodologique : C'est celui qui a pour base une méthode d'analyse telle que

1. Voir - 2. Juger - 3. Agir (VJA) ou encore :

1. Quoi - 2. Qui - 3. Où - 4. Quand - 5. Comment (QQOQC)

Les considérer comme une bouée de sauvetage.

23. Le plan logique : C'est le type de plan le plus efficace car il permet de ne rien laisser dans l'ombre. Pour cela, il convient de lui donner une double dimension : d'abord permettre de cerner la totalité d'un problème en fonction de l'objectif à atteindre ; ensuite, organiser cette totalité dans un ordre permettant de découvrir, progressivement et de façon logique, la complexité du problème.

3. Préparation

- Préciser l'objectif à atteindre pour que le plan soit le moyen permettant de l'atteindre.
- Ensuite, rechercher et rassembler les documents, les faits formant la base de l'information ayant trait au problème, situer chaque élément dans son contexte, dégager l'essentiel de l'accessoire.
- Avoir un souci d'objectivité d'autant plus exigeant qu'elle est difficile à atteindre. Partir des faits.
- Contrôler toujours l'exactitude des documents, des renseignements, des faits. Ils pourront servir en cas de contestation ou simplement pour répondre à des demandes de précision.
- Classer méthodiquement cette information pour en dégager les différents aspects possibles.

> *1. Un plan* **facilite** *le travail du groupe.*
>
> *2. Il* **centre** *tous les membres sur l'objectif et le plan.*
>
> *3. Il faut* **s'entraîner** *à faire des plans logiques.*
>
> *4. Un plan logique permet de mieux* **cerner** *les problèmes.*

Plan

Réaliser un plan logique

1. Construction d'un plan logique

11. Objectif clair comportant les éléments suivants : 1. L'action préconisée, 2. Les personnes et groupes concernés, 3. Les changements à opérer, 4. Les délais à respecter.

12. Déballage en fonction de l'objectif : jeter sur le papier toutes les idées, sans trier.

13. Organisation en mettant les idées forces (1-2-3), les idées secondaires (11-12-13, etc.).

14. Présentation : après ce repérage, mettre au propre dans un ordre logique.

15. Compléments : une fois l'ensemble du plan posé, ajouter les éléments importants qui manquent.

16. Cohérence : quand tout cela est écrit, vérifier la cohérence du tout.

2. Objectif (à avoir présent à l'esprit). Exemple

21. Approfondir (action préconisée)

22. pour notre équipe (personnes et groupes concernés)

23. la signification de la valeur « amour » (changement à opérer)

24. au cours de la prochaine réunion (délai à respecter),

3. Présentation du plan. Exemple :

1. L'amour par rapport à d'autres valeurs
- liberté (Sartre)
- justice (Proudhon)
- charité - fraternité - solidarité - amour

2. Distinctions à faire
- *Éros* (désir amoureux)
- *Philia* (amitié)
- *Agapê* (amour désintéressé)

3. Caractéristiques de l'amour
- à l'égard de soi
- à l'égard des autres
- à l'égard de la société

4. Utilisation du plan

41. Un plan facilite. Il permet de faire une analyse plus fine de la réalité.

42. Un plan libère. Il suffit de suivre les étapes du plan logique.

43. Un plan permet l'expression des personnes concernées. Chaque point du plan sert de guide.

> *1. Un plan* **structure** *la pensée.*
>
> *2. Il facilite* **l'expression.**
>
> *3, Il donne cohérence à* **l'analyse.**
>
> *4. Il permet plus facilement de* **cerner** *le problème.*

Choisir une méthode pour l'analyse

• ***Son rôle***

Un grand nombre de réunions sont riches en débats. Mais, faute de méthode, l'analyse n'est pas toujours assez profonde, ni précise, et débouche difficilement sur un passage à l'acte.

• ***Choix d'une méthode***

- *Voir* (constater). C'est partir de faits, non d'idées. C'est partir de l'expérience personnelle que l'on a vécue. Cela oblige à dire « Je », à parler de ses problèmes et non de ceux des autres.
- *Juger* (comprendre). Ce n'est surtout pas un jugement de valeur pour dire : « C'est bien » ou « C'est mal ». C'est un jugement de réalité tenant compte des valeurs choisies.
- *Agir* (construire). Un jugement qui ne déboucherait pas sur un acte ne servirait à rien.

• ***Fabriquer une grille ?*** C'est la conjonction du plan et de la méthode. Exemple :

- *Thème :* L'utilisation d'Internet
- *Objectif :*
  1. Recenser (action préconisée)
  2. Pour les membres de l'équipe (personnes et groupes concernés)
  3. Les sites Internet d'information sur les problèmes d'actualité (changement à opérer)
  4. Chacun apporte les siens à la prochaine réunion (délai à respecter)

- Plan/Méthode	Voir (constater)	Juger (comprendre)	Agir (construire)
1. Où trouver les sites			
- moteurs de recherche	- Travailler horizontalement		
- les amis	- Faire une synthèse partielle pour chacun des trois points		
- annuaire web			
2. Les domaines à explorer			
- économiques			
- politiques	- À la fin faire une synthèse globale		
- sociaux			
3. Comment les utiliser			
- se répartir les problèmes	- Dire Je	jugement	action
- tirer les documents		éclairé par	proposées
- choisir et utiliser		des valeurs	

• ***De la pensée à l'action***

Faire la synthèse des Agir proposés face à chaque point du plan.

> *1. Une méthode* **complète** *les moyens.*
>
> *2. Une grille d'analyse oblige à* **creuser** *un problème.*
>
> *3. Le choix de la méthode VJA permet d'aboutir à* **l'action.**
>
> *4.* **S'entraîner** *à travailler avec des grilles d'analyse.*

Se donner les outils de travail nécessaires

Les moyens (les outils)

• ***Avant la réunion***

- Situer la réunion dans le cadre du projet.
- Faire une convocation en distinguant : le thème, l'objectif, le plan (TOP).
- Prévoir les conditions matérielles : salle, tables, sièges, tableau, vidéoprojecteur.

• ***Pendant la réunion***

- Distribuer les documents de travail si nécessaire.
- Préparer les moyens audiovisuels si cela a été prévu.

• ***Après la réunion***

- Faire le compte rendu : un recto verso suffira.
- Surtout rappeler les décisions prises et l'organisation de l'action.

• ***Les méthodes*** (façon d'utiliser les moyens)

- Les éléments de base
- Rédiger l'objectif en tenant compte des 4 paramètres.
- Élaborer un plan logique avec idées principales et secondaires.
- Utiliser une méthode d'analyse.

• ***Une démarche de travail***

- Rassembler et traiter l'information en fonction des objectifs.
- Analyser le problème à l'aide du plan et de la grille.
- Faire des synthèses régulières pour faire apparaître les convergences et les divergences.
- Écouter les arguments des autres pour s'affronter.
- Contribuer à avancer vers l'unité en respectant les différences.

• ***Des bilans réguliers***

- En cours d'action, pour éviter les dérives et tenir compte de l'évolution de la conjoncture.
- Bilan des résultats pour mesurer les écarts entre prévision et réalisation. Analyser les causes.
- Prendre les décisions correctives nécessaires.

Les procédures (organisation des moyens et des méthodes)

- Utiliser celles réalisées pour chaque type de réunions.
- Les améliorer en fonction de l'expérience.
- En élaborer de nouvelles en fonction des besoins.
- Rédiger des définitions de fonction.

> 1. *On ne peut* **travailler** *sans outils.*
> 2. **Distinguer** *les moyens, les méthodes, les procédures.*
> 3. *Savoir* **utiliser** *les outils existants.*
> 4. *Savoir en* **fabriquer** *de nouveaux quand c'est nécessaire.*

La stratégie (Itinéraire)

Une démarche qui est un itinéraire

• ***Signification de la stratégie***

La stratégie c'est l'art de combiner l'action des forces du groupe ou de l'organisation en vue d'atteindre les objectifs fixés par les membres concernés. Ce terme s'applique à toute situation nécessitant la prise en charge de problèmes importants et risquant de se heurter à des forces hostiles aux changements, à des oppositions, à des divergences. C'est un moyen de coordonner les actions en tenant compte des résistances internes et des difficultés externes de tous ordres : économiques, politiques, financières, sociales, idéologiques, etc.

• ***La tactique***

Elle se distingue de la stratégie. L'une est une démarche d'ensemble que l'on peut et doit organiser pour donner un sens à l'action. L'autre s'élabore en cours d'action. Elle compense les imprévus, les évolutions de situation, les changements plus rapides ou plus lents que prévu. La stratégie est le fruit d'une analyse préalable. La tactique prend en compte la conjoncture dans son déroulement, d'où la nécessité de conjuguer prévision à long terme et réalisme à court terme.

• ***Deux types d'analyse sont nécessaires***

Une analyse globale qui précède l'élaboration du projet et sa stratégie de réalisation. Une analyse permanente qui prend en compte la vie dans son déroulement et permet de canaliser les événements qui surgissent dans la direction choisie par l'équipe. Cela nous impose d'avoir une mentalité d'ouverture pour éviter tout dogmatisme quand une stratégie est élaborée car il est indispensable de prendre en compte les fluctuations de la conjoncture et l'évolution des mentalités.

• ***Le niveau de conscience***

C'est un facteur d'efficacité. Il nous faut apprendre à distinguer : 1. Le niveau de conscience des responsables d'une organisation qui ont l'habitude de percevoir rapidement les problèmes ; 2. Le niveau de conscience des membres des équipes qui n'ont pas encore le même niveau de conscience que les responsables. Ces derniers ont pour fonction d'accroître le niveau de conscience de leurs membres. 3. Le niveau de conscience de la population. Il est souvent très en retard. Il ne servirait à rien d'engager des actions et d'élaborer des stratégies si le niveau de conscience de la population est inexistant ou très bas. Un travail de conscientisation préalable est nécessaire si l'on veut être efficace dans l'action.

1. *Un projet sans stratégie est* **inopérant.**
2. *Une stratégie* **dogmatisée** *est inefficace. Elle ne prend pas en compte les changements.*
3. *Toujours* **alterner** *analyse permanente et analyse fondamentale.*
4. *C'est le* **niveau de conscience** *des populations qui rend l'action dynamique et productive.*

Stratégie

Préalable à l'élaboration d'une stratégie

• ***L'action doit avoir un sens***

En agissant, l'homme ne transforme pas seulement les choses ou la société, il se transforme lui-même. Par la pratique, il se forge une expérience sur laquelle il peut réfléchir, ce qui le conduit à développer ses facultés, à sortir de son repli sur lui-même.

• ***Ce sens est choisi par les personnes***

C'est la mise en œuvre des finalités, des politiques, à travers des objectifs concrets. Notre personnalité se forge dans l'action, se construit avec les autres, se réalise en conduisant une action sur les structures pour qu'elles favorisent l'épanouissement des personnes, une action avec les personnes pour qu'elles mettent en place des structures qui facilitent leur épanouissement.

• ***Un projet n'est pas un catalogue***

Devant le grand nombre de problèmes auxquels est affronté le groupe, le piège serait d'en dresser la liste pour en faire un catalogue et croire qu'ainsi on a un projet. On peut puiser dans le catalogue, mais il faut choisir les situations à prendre en charge et les organiser.

• ***Un projet a besoin d'une stratégie***

Un projet, une fois rédigé, ne pourra se réaliser que si l'équipe passe à l'étape suivante : prévoir une stratégie, une mise en œuvre de réalisation.

• ***La participation est mobilisatrice***

Comme le projet a été élaboré avec la participation des personnes concernées, il en sera de même pour la stratégie. Tous ensemble on a plus d'idées. L'ayant conçue collectivement, tous les membres se sentiront plus concernés pour la mettre en œuvre.

• ***La stratégie outil de liaisons***

Liaisons avec le projet. Certes, sans elle, il ne se réalisera pas. Liaisons avec les définitions de fonction qui permettent à chaque personne d'intervenir dans la stratégie en fonction de sa place dans l'organisation, en tenant compte de ses compétences. Liaisons avec tous les membres du groupe.

• ***La stratégie est mobilisatrice***

Quand elle a été élaborée et mise en œuvre par les personnes concernées, chacun canalise son énergie dans la direction choisie ensemble. Elle donne une puissance qui décuple l'efficacité.

1. *Une stratégie* **ne s'improvise pas.**
2. *C'est acquérir une* **maîtrise** *de son action dans un sens donné.*
3. *C'est une méthode canalisatrice des* **énergies** *vitales.*
4. *C'est un outil de* **transformation** *des personnes et du groupe.*

Élaboration d'une stratégie

1. Une analyse générale. Quand le projet est élaboré, il est nécessaire d'analyser dans quel contexte il va falloir le mettre en œuvre : situation économique, politique, sociale, etc. les forces en présence, les alliés possibles, les adversaires probables, le niveau de conscience de la population.

2. Le choix de l'objectif stratégique (ou final). Il tiendra compte des finalités de l'organisation, des politiques choisies. Veiller à ce qu'il ne soit pas en contradiction avec d'autres objectifs, Il permettra d'élever le niveau de conscience des personnes concernées.

3. Le choix des objectifs intermédiaires. Ce sont eux qui fixent les étapes de l'itinéraire. Ces objectifs auront plusieurs caractéristiques complémentaires : 1. le plus petit possible, 2. pour pouvoir être atteint, 3. mobilisable, 4. partant du niveau de conscience du public.

4. L'itinéraire. Pour aller de la situation de départ à l'objectif final, il convient de faire deux remarques : 1. L'objectif final ne pouvant être atteint en une seule fois, il faut prévoir des objectifs intermédiaires. 2. Cet objectif ne pourra être atteint en progressant en ligne droite. Il faudra prévoir les obstacles à surmonter d'où la nécessité de la tactique.

5. L'analyse permanente. La tactique sera mise en œuvre grâce à une analyse permanente de la situation. Grâce à elle on évitera le dogmatisme des objectifs immuables. On pourra prendre en charge la réalité mouvante, suivre les rythmes d'évolution diversifiés.

6. La tactique. Elle va consister à réduire le plus possible l'écart entre l'objectif intermédiaire prévu et celui que l'on pourra effectivement réaliser. Sans tactique, on peut se laisser dévier de l'objectif final et continuer de progresser mais dans une direction différente. Quand la tactique a fixé l'objectif intermédiaire réaliste, celui-là devient immuable dans l'action jusqu'à ce qu'il soit atteint.

7. Le point de non-retour. Chaque objectif intermédiaire atteint nous rapproche de l'objectif final. Mais, à chaque étape, tous les acquis peuvent être remis en cause. C'est seulement quand le point de non-retour est atteint que le changement est irréversible. Ce qui le caractérise, c'est un niveau de conscience de la population suffisamment profond pour qu'elle n'accepte pas de retour.

8. Le bilan final. Quand l'objectif final est atteint, il faut refaire l'analyse pour connaître l'écart qui existe entre prévision et réalisation. Prendre des décisions correctives.

> 1. *Une stratégie c'est le moyen de* **rendre efficace** *l'action.*
> 2. **Chacun** *des points est important.*
> 3. *Ils doivent tous être en* **cohérence**.
> 4. *Cela nécessite* **rigueur** *pour le déroulement et* **souplesse** *pour la conjoncture qui évolue.*

La stratégie pour atteindre un objectif

- ***La stratégie c'est le politique.*** C'est donc l'affaire de tous les membres du groupe, l'affaire de tous les citoyens. Chacun possédant un certain nombre d'informations par sa situation, en raison de sa responsabilité, l'apport de chacun est nécessaire pour élaborer une stratégie pertinente et mobilisatrice. Les personnes concernées sont toutes à même de comprendre une situation et de mettre en œuvre les éléments pour l'améliorer.
- ***La stratégie est confrontée à l'éthique.*** La fin justifie-t-elle les moyens ? Pour les uns, cela semble incontestable et a conduit aux pires abus, car la conscience s'émousse quand on commence à sacrifier à l'efficacité (torture pour avoir des informations). Pour les autres, *« la fin est déjà dans les moyens »* disait Gandhi, il faut faire preuve d'imagination pour trouver des actions qui ne portent pas atteinte à la personne humaine et qui soient efficaces. Les exemples en sont nombreux dans l'histoire avec Martin Luther King et ses émules.
- ***La stratégie a besoin d'être efficace.*** Tout au cours de l'histoire, du progrès a surgi des luttes des opprimés pour se libérer de la tutelle soit des tyrans, soit du poids de l'injustice. Ces luttes ont souvent été violentes, des révolutions ont eu lieu. À la lumière de l'expérience, il est possible de conduire des luttes efficaces qui éliminent la violence, qui supprime la prise d'otage qui est aussi de la violence, de savoir utiliser la conscientisation des populations comme moyen massif de changer ses pratiques sociales. La famille, par exemple, a évolué sans violence, certes avec des tensions entre les générations. Mais, en pratiquant ce que l'on voulait sans demander la permission au pouvoir, on a obligé le législateur à faire des lois qui tiennent compte des changements de mentalité et de situation.
- ***La stratégie est la base du changement.*** C'est l'agencement d'une suite de décisions ayant pour objet le remodelage total ou partiel de l'état social d'une partie de la société. Elle utilise simultanément :

- l'ordonnancement dans le temps pour établir les étapes du progrès à réaliser et les étapes du changement ;
- le profit tiré de l'espace, la priorité donnée à la simultanéité, la réciprocité, l'échange, la lutte, le consensus vécus sur le même lieu ;
- une action éclairée par une éthique qui respecte la dignité humaine des partenaires en présence et favorise l'affrontement et le dialogue.

L'animateur devient, avec cette démarche, un animateur de groupes de luttes sociales.

1. *La stratégie donne un* **itinéraire** *à une démarche d'action.*
2. *Elle permet une* **vision claire** *des étapes à réaliser.*
3. *L'action est située dans une perspective évolutive qui a un* **sens.**
4. *L'élaboration d'une stratégie est faite par les* **personnes concernées.**

Situer l'animateur

La personnalité de l'animateur

Tous animateurs

• ***Signification.*** Du latin *animare*, dérivé de *anima*, souffle, âme, principe de vie et de sensibilité (*animus* désigne le principe de vie morale et intellectuelle, le courage, l'esprit). *Animare* c'est donner vie. Animer, être animateur, comporte trois caractéristiques essentielles :
- donner un souffle (une âme) pour que chacun puisse être lui-même,
- donner la vie (mouvement) pour favoriser l'épanouissement de tout l'être,
- donner un sens (direction) en favorisant l'expression, l'écoute et la compréhension des personnes.

• ***L'animateur, un élément de la vie sociale.*** C'est une fonction qui ne peut être réservée à une seule personne par groupe pour deux raisons : 1. Quand une personne, ayant une responsabilité au sein du groupe, lui présentera les problèmes liés à sa responsabilité, c'est elle qui animera le groupe pendant cette période. Ainsi, par sa responsabilité, chacun est appelé à assumer une partie de la vie du groupe. 2. L'animateur devient alors coordinateur de ces diverses animations et profite de ces circonstances pour former les membres du groupe à l'animation. Dans chaque responsabilité il y a donc une part d'animation.

• ***Tout le monde peut devenir animateur.*** Pas plus que les autres fonctions, l'animation n'est innée. La formation devient à présent une nécessité car, dans tous les secteurs de la vie sociale, nous avons besoin d'animer des équipes. Et si l'on souhaite que chaque personne devienne autonome dans sa responsabilité, elle a besoin d'apprendre à animer. La fonction de l'animateur professionnel consiste à transmettre son savoir, son savoir-faire et non d'animer à la place des autres. C'est d'ailleurs une démarche qui concerne à présent tous les spécialistes. C'est de moins en moins à eux à faire. Ils doivent apprendre à faire faire. Ils doivent permettre aux autres d'apprendre à apprendre.

• ***L'animateur, un catalyseur.*** La catalyse c'est l'augmentation de vitesse que provoquent certains corps sur des réactions chimiques, sans être eux-mêmes modifiés. C'est un élément qui provoque les changements. Être animateur c'est susciter des réactions par sa seule présence. C'est dire l'importance de la personnalité de l'animateur. S'il est laxiste (tolérance excessive), il provoque du laxisme. S'il est dynamique, il créera du dynamisme. C'est sa façon d'être qui déclenche la vie, la tolérance, l'écoute, la compréhension, ou le contraire, d'où son importance.

> 1. *Dans tout groupe il faut un* **animateur,** *sinon c'est le règne des leaders.*
> 2. *Il doit* **aider chacun** *à animer quand son domaine de responsabilité est abordé.*
> 3. *Il* **soutient** *chacun à se former à l'animation.*
> 4. *Il devient alors* **coordinateur.**

Animateur

Les attitudes de l'animateur (selon C. Rogers)

Le comportement est l'aspect apparent de nos réactions, l'attitude correspond à nos réactions intérieures. Quand il y a adéquation entre les deux, nous sommes pleinement nous-même.

- ***La congruence.*** C'est la relation étroite qu'il y a entre ce que nous vivons (expérience) et la conscience que nous en avons. C'est aussi la liaison entre cette conscience de notre expérience et la communication que nous devons en faire. C'est transmettre ce que nous avons perçu, en faisant attention au contenu de ce que nous disons, à la façon de le dire, au moment de le dire.
- ***La considération objective inconditionnelle.*** Avoir de la **considération** c'est percevoir chez l'autre une différence enrichissante pour nous. Cela met dans la relation chaleur, intérêt, respect. **Objective** car cette considération n'est pas de principe mais fondée sur des données réelles, observées, sur des qualités perçues chez les autres. **Inconditionnelle** c'est-à-dire accepter l'autre tel qu'il est sans conditions. Accepter qu'il nous aime ou nous haïsse.
- ***La compréhension empathique.*** C'est comprendre les autres en profondeur. C'est d'abord comprendre ce qui est dit pour ne pas déformer le message. C'est ensuite comprendre, au-delà des mots, la signification du message. C'est enfin communiquer ce que l'on a compris, afin que l'autre puisse réagir en cas d'interprétation erronée. L'empathie c'est percevoir l'autre profondément.
- ***L'apprentissage authentique.*** C'est un apprentissage ouvert à l'expérience, à la nôtre, à celle des autres. Cela nous conduit à nous enrichir en permanence. C'est une connaissance pénétrante qui nous transforme en profondeur et nous conduit à un engagement permanent par nos actes, en leur donnant une direction qui ait un sens. C'est une transformation continue de l'être.
- ***La vie pleine.*** C'est la capacité à mobiliser et à utiliser toutes les virtualités de notre être, dans tous les domaines : affectif, physique, intellectuel, et en permanence. Cela suppose une ouverture accrue à notre expérience qui enracine une confiance en soi, pour vivre intensément le moment présent comme nouveau et riche en signification, reliant le passé au présent pour préparer l'avenir.
- ***Authenticité.*** La mesure qui nous sert pour agir avec les autres, c'est nous-même. Cela nécessite de me connaître pour m'accepter tel que je suis, sinon, pendant que je cours après ce que je voudrais être, je ne peux travailler avec ce que je suis. C'est en travaillant avec ce que je suis que je peux changer. Cette démarche me permet d'accepter les autres tels qu'ils sont avec leur différence.

> 1. ***M'accepter*** *tel que je suis.*
> 2. ***Travailler*** *avec ce que je suis.*
> 3. *Accepter et travailler* ***avec les autres*** *tels qu'ils sont.*
> 4. *Être* ***lucide*** *face à mes capacités.*

Personnalité

Les comportements de l'animateur

Le comportement c'est une manière d'être, d'agir. C'est la réaction visible d'une personne. Si le comportement est inconscient, il confine au rôle ou conduite attendue d'une personne (affabilité du commerçant). Si le comportement est conscient, il est l'expression d'un statut social.

- ***Montrer l'exemple.*** C'est ne pas se contenter de dire aux autres ce qu'ils doivent faire. C'est réaliser soi-même ce que l'on exige des autres (l'exactitude). Car on ne peut demander ce que l'on n'est pas capable de faire. Un phénomène de mimétisme peut alors jouer.
- ***Stimuler les talents.*** Chaque personne a des possibilités, des capacités à développer. Notre fonction d'animateur peut nous permettre d'accompagner l'évolution des potentialités de chacun.
- ***Favoriser l'autonomie.*** L'être s'épanouit en exprimant totalement ce qu'il est. Pour cela il est nécessaire que le groupe soit un lieu permissif qui facilite l'expression de l'autonomie de chacun.
- ***Faciliter la socialisation.*** C'est l'acceptation de l'autonomie des autres et la rencontre des autonomies de tous les membres du groupe. C'est un facteur d'enrichissement personnel.
- ***Susciter les responsabilités.*** L'autonomie et la socialisation permettent à chacun de pouvoir prendre des responsabilités dans le groupe. C'est un signe de maturité d'accepter de mettre ses talents, ses compétences au service des membres de l'équipe pour participer au changement social.
- ***Privilégier la prise de décision.*** Chacun, dans son domaine de responsabilité, aura des décisions individuelles à prendre pour réaliser les tâches qui lui sont affectées. De même, il sera utile de préciser le champ des décisions collectives auxquelles chacun aura à participer.
- ***Être disponible*** aux appels des membres de l'équipe. Ne pas intervenir avant que cela nous soit demandé. Mais, face à une requête, ne jamais refuser. Respecter la liberté de l'autre.
- ***Conserver la maîtrise de soi.*** Rester maître de ses nerfs, face aux difficultés provenant des situations à traiter ou des personnes du groupe, pour garder la situation en main.
- ***Créer le climat.*** Un animateur détendu, maître de lui, qui a le sens de l'humour, qui ne se prend pas au sérieux, créera un climat facilitant les échanges au sein du groupe.

1. *Le comportement de l'animateur* **influence** *le comportement des autres membres.*
2. *D'où l'importance de choisir un comportement qui permet* **l'expression** *et la relation.*
3. *Être* **disponible** *aux demandes et y répondre favorablement.*
4. *Favoriser la* **création d'un climat** *où chacun puisse se permettre d'être lui-même.*

L'implication de l'animateur

- ***Implication contre neutralité.*** Être impliqué c'est reconnaître que l'on est engagé par sa responsabilité et que l'on doit jouer son rôle quand on l'a accepté. L'implication c'est être lucide quant à la place que l'on occupe dans la société par ses actes quotidiens, mais aussi par ses fonctions, C'est libérateur pour les autres qui savent ce que nous pensons. Le fait d'être animateur provoque des réactions spécifiques des autres les incitant à s'impliquer aussi.
- ***Je suis impliqué en tant qu'être humain.*** Je fais partie de l'humanité et je suis influencé par le bain culturel de ma civilisation. En tant que membre de la société, je suis impliqué par ma famille, par mon travail, par mes relations, par mes responsabilités. Je suis aussi impliqué par les décisions prises par les détenteurs des pouvoirs économiques (délocalisation), politique (vente d'armes), culturel (unité de la langue), social (chômage), etc.
- ***Je suis impliqué comme être autonome.*** Je ne suis pas seulement un membre de la société. Je suis aussi capable d'affirmer ma particularité, ma spécificité, ma différence. Je peux alors m'impliquer comme acteur responsable, prendre des responsabilités en fonction de mes compétences et de mes capacités. Je peux choisir de m'impliquer à plusieurs niveaux :
  - celui, relationnel, avec les membres du groupe et ceux de la société,
  - celui, politique, de ma position sociale,
  - celui, économique, de mon emploi,
  - celui, culturel, de mes responsabilités, etc.

  C'est ainsi que je peux développer ma citoyenneté.
- ***Je suis impliqué comme être de relations.*** Je ne suis pas un être solitaire mais solidaire, par ma transversalité je suis en relation constante avec autrui sur lequel mon implication (mes paroles et mes actes) va rebondir pour l'interpeller. Tout comme autrui m'influence en permanence, moi-même j'ai un impact sur sa personne. Mon histoire et ma particularité, que je le veuille ou pas, qu'il le désire ou non, l'impliquent comme elles m'impliquent au moins comme être humain.
- ***Interaction de ces trois modes d'implication.*** Ils sont intimement liés et interdépendants. Nous avons besoin d'écouter la dimension psychologique de notre moi, de nous reconnaître comme être unique et de percevoir nos réactions au sein du groupe et de l'organisation. Nous avons besoin de comprendre les influences des structures sociales sur la vie de notre groupe qui nous conditionne. Comment peut-on rester neutre ? Comment conquérir nos espaces de liberté ?

1. *Le choix n'est pas entre neutralité et implication. Nous sommes* **impliqués.**
2. *En assumant notre implication nous pouvons lui donner un* **sens.**
3. *En nous impliquant nous prenons en* **charge** *notre vie.*
4. *En nous impliquant nous* **aidons** *les autres à s'impliquer aussi.*

Les fonctions de l'animateur

La fonction de production (vise l'efficacité)

- ***Faire fixer les objectifs par les membres du groupe.*** Les objectifs des réunions seront autant d'étapes pour progresser vers les objectifs du groupe. Veiller à recueillir l'accord de tous afin d'être assuré que les objectifs sont perçus et compris par chacun.
- ***Élaborer un projet.*** Il fixera le programme de travail du groupe et de l'organisation. Il correspondra aux objectifs fixés. Les réunions seront autant d'étapes pour progresser vers les objectifs du groupe et le projet du groupe sera en corrélation avec le projet de l'organisation.
- ***Favoriser la circulation de l'information.*** Cela permettra à chaque membre de posséder les éléments pour réfléchir à la préparation des réunions et à l'action. Cette information rassemblée, classée, organisée, sera à la disposition de tous afin d'être utilisable facilement.
- ***Permettre la prise de décision.*** C'est l'acte signifiant l'autonomie du groupe et la responsabilisation des personnes. C'est tout un apprentissage à faire car les institutions éducatives (famille, école, Église, entreprise, armée) ne nous y préparent pas. Il nous faut distinguer les décisions individuelles, que l'on peut prendre dans le cadre de sa définition de fonction, et les décisions collectives sur les problèmes concernant tout le monde.
- ***Organiser l'action.*** Pour cela il est indispensable de préciser : 1. les objectifs d'action, 2. les priorités, 3. les responsabilités, 4. les échéances, 5. les moyens, 6. les finances. L'animateur assurera le suivi des décisions.
- ***Dans le cadre d'une stratégie.*** Une action isolée, au coup par coup, si elle permet de résoudre un problème personnel ou local, a moins d'impact sur le changement social qu'une stratégie élaborée par les membres du groupe. Cet itinéraire permet un processus continu d'action qui donne cohérence à la démarche.
- ***Faire des bilans.*** C'est le seul moyen de mesurer l'écart entre prévision et réalisation et de prendre les décisions correctives nécessaires. Si l'on attend la fin de l'action, des imprévus ont pu surgir. Il est donc utile de faire des bilans en cours d'action pour rectifier la trajectoire, si cela s'avère nécessaire. Le droit à l'erreur permet d'en parler pour rectifier.

> *1. Un groupe a besoin d'être efficace pour assurer sa* **cohésion.**
>
> *2. L'animateur est le* **garant** *de cette efficacité.*
>
> *3. Il doit se donner les* **moyens** *d'atteindre ses fins.*
>
> *4. Le plus important c'est d'apprendre à* **décider.**

La fonction de facilitation (concerne les moyens)

- ***Situer les réunions dans une vie de groupe.*** Une réunion est efficace si on a l'habitude de se retrouver régulièrement. La vie de groupe permet aux personnes d'apprendre à se connaître, à se comprendre, à savoir utiliser leur différence comme source d'enrichissement, à maîtriser leurs techniques de travail pour évoluer vers plus de cohésion.
- ***Distinguer les types de réunion.*** Les convocations ne précisent pas toujours quel type de réunion va avoir lieu : réunions d'information, de recherche, de créativité, de décision, de négociation, etc. Or la préparation, le déroulement de chaque type de réunion sont différents.
- ***Utiliser et faire utiliser les moyens appropriés.*** Envoyer une convocation, joindre des documents quand cela s'avère nécessaire pour faciliter la préparation des participants. Au cours de la réunion utiliser un tableau, des outils audiovisuels ou informatiques si nécessaire. Veiller au confort avec tables et chaises en nombre suffisant. Sans oublier le compte rendu.
- ***Choisir des méthodes*** favorisant l'expression, l'affrontement, conduisant à l'unité du groupe pour travailler sur les problèmes à prendre en charge : méthode de pensée pour étudier (dialectique, systémique, complexité), méthode de travail (Voir-Juger-Agir), méthode d'action (objectifs, priorités, responsabilités, échéances, moyens, finances). Après l'analyse, faire des synthèses.
- ***Travailler avec des procédures.*** Elles conjuguent moyens et méthodes et correspondent à chaque type de réunions (argumentation, négociation, apprentissage, créativité, etc.). C'est un ensemble de règles qui doit être suivi pour donner cohérence à une démarche de réflexion, de travail ou d'action. La procédure la plus efficace sera celle élaborée par les personnes concernées.
- ***Faire élaborer des définitions de fonction.*** C'est nécessaire pour chaque responsabilité fonctionnelle ou politique. Elle délimite le territoire de chacun, précise les tâches à faire, le champ des décisions individuelles que chacun peut prendre, les décisions collectives auxquelles on doit participer, les marges d'initiatives possibles. Si la personne est dynamique, sa fonction évoluera.
- ***Veiller à la participation de chacun.*** Ce sera plus facile si chaque membre est concerné par le problème pris en charge ; si les procédures utilisées facilitent l'expression de chacun ; si chaque personne est compétente car elle a étudié le problème ; si tous les membres du groupe s'acceptent différents et utilisent cette différence comme moyen de s'enrichir mutuellement.

> 1. *Pour travailler il nous faut des* **outils.**
> 2. *Nous devons posséder des outils* **nombreux** *et divers.*
> 3. *Ces outils peuvent être* **réalisés** *par les personnes concernées.*
> 4. *Chacun pensera à utiliser ces outils en* **fonction** *de ses besoins.*

La fonction de régulation (est centrée sur les personnes)

- ***Croire aux virtualités de chaque membre.*** Nous possédons tous des capacités. Certaines s'expriment, d'autres sont en puissance. L'animateur fera en sorte que des personnes ou le groupe favorisent leur émergence. 1. Faire prendre conscience à chacun de ses potentialités latentes. 2. Faire découvrir les capacités des autres. 3. Faire utiliser les richesses de chacun.
- ***Éviter tout jugement de valeur.*** Les jugements de valeur (bien/mal, bon/mauvais, etc.) bloquent les relations entre les personnes. Nul n'aime être étiqueté (mauvais participant), cela empêche la spontanéité des personnes. Apprendre à porter des jugements de réalité (« Je ne peux pas te lire » au lieu de « Tu écris mal ») éclairés par des valeurs (cela gêne le dialogue entre nous).
- ***Favoriser l'expression de chaque participant.*** L'élément essentiel en est l'implication. Quand on est concerné par un problème, on peut en parler, on est compétent, on n'a pas peur d'intervenir. L'animateur devra alors canaliser la spontanéité mais pas la casser. Sinon il devra utiliser d'autres méthodes : les questions directes ou indirectes, les silences pour permettre l'expression, etc.
- ***Du « Je » au « Nous ».*** Une réunion sera plus efficace si chaque membre apporte sa contribution en expliquant la façon dont il est concerné par le problème traité. L'animateur devra veiller à ce que toutes les personnes puissent dire « Je ». On aura ainsi une description plus précise des différentes facettes d'une situation. La synthèse de tous ces « Je » permet de dire « Nous ».
- ***Apprendre à écouter.*** C'est apprendre à sortir de soi, à être disponible à la parole et à l'expérience des autres. C'est une ouverture au nouveau apporté par l'autre. C'est être accueillant à l'imprévu et ainsi nous recevons en retour une capacité de tolérance qui favorise les échanges qui suivront. L'écoute est signe d'intérêt, d'attention aux autres, à ce qu'ils sont, à leurs particularités.
- ***Essayer de comprendre.*** Favoriser la compréhension entre les membres du groupe. Comprendre ne signifie pas être d'accord, mais c'est réagir en fonction du message envoyé et reçu. Comprendre non ce qui est dit, mais ce que l'autre a voulu dire.
- ***Faire de l'affrontement une valeur.*** L'expression de chacun va faire apparaître des différences, voire des divergences et mêmes des contradictions. C'est normal puisque nous sommes tous différents. Au lieu d'avoir peur, il est préférable de saisir cette réalité et s'expliquer pour que chacun comprenne l'autre et s'enrichisse de sa différence au lieu de la rejeter.

1. *Donner la priorité à la* **personne.**
2. *Favoriser la* **rencontre** *et l'expression de chacun.*
3. *Les techniques sont au* **service** *des personnes et non l'inverse.*
4. *L'affrontement permet de* **s'enrichir** *mutuellement de nos différences.*

La fonction de création (concerne le changement)

- ***Croire que toute personne est créative.*** La créativité est un potentiel, une disposition possédée par toute personne sans distinction d'âge, de sexe, d'ethnie. C'est l'aptitude à trouver des idées nouvelles, des objets nouveaux, des savoir-faire nouveaux, des procédures nouvelles. L'utilisation de cette aptitude favorise le développement des personnes et des groupes.
- ***Élargir le champ culturel des personnes.*** La culture c'est l'ensemble des activités créatrices d'un peuple qui prend naissance en chaque personne et en chaque groupe. Elle se concrétise dans les expressions matérielles, affectives, relationnelles, intellectuelles et spirituelles des humains. La culture permet d'établir les liens des personnes avec la nature, avec leurs semblables et avec la communauté humaine pour continuer la création.
- ***Utiliser l'expérience de la vie de chacun.*** La création n'est pas désincarnée. Elle part de la vie pour se situer par rapport à nous-même (notre différence), par rapport aux autres (les particularités du groupe), par rapport à tous les humains (face aux problèmes de société). L'expérience apporte la maturité nécessaire pour tirer les enseignements du vécu dans son déroulement.
- ***Accéder à la sérénité affective.*** Quand une personne a des problèmes personnels à résoudre, elle est polarisée sur ceux-là. Elle n'est pas disponible pour la recherche, pour la création. Un être créatif a acquis une maturité affective suffisante pour prendre en main et régler ses problèmes.
- ***Susciter et guider la créativité.*** Toute animation, toute éducation doit s'attacher à susciter et à guider les facultés créatrices existant en chaque être. Cela nécessite de ne pas abuser de cette guidance et de rester respectueux de la personnalité de chaque membre de l'équipe. La vie du groupe doit se réaliser dans un climat où chacun peut se permettre d'être lui-même.
- ***Le droit à l'erreur.*** Si les savants n'avaient pas eu le droit à l'erreur aucune découverte n'aurait eu lieu. Aucune invention n'a pu se faire après un seul essai. S'il n'y a pas de jugement de valeur sur l'erreur (c'est mal), mais un constat : « Cette voie n'a pas abouti », on cherchera une autre voie jusqu'à ce que l'on aboutisse à ce que l'on cherchait. L'échec doit devenir un tremplin pour avancer.
- ***L'animateur, personne ressource.*** Il se considère lui-même comme une ressource pleine de souplesse à laquelle les personnes et le groupe peuvent faire appel. Il se met à la disposition du groupe comme conseiller, comme accompagnateur, suivant les besoins.

1. *Toute personne est* **créative.**
2. *Pour que ses virtualités s'expriment, il faut créer un* **climat permissif.**
3. *Chaque personne doit savoir qu'elle peut se permettre de prendre des* **initiatives.**
4. *Dans la limite des besoins du groupe et de sa définition de fonction, pour* **éviter la dispersion.**

La coordination

Chaque responsabilité comporte quatre activités : orientation, gestion, animation et administration.

L'orientation : activité idéologique (gérer le sens)

- ***Gestion du sens.*** Une personne, un groupe à besoin de donner une direction, un sens à son action de changement social. Pour cela il devra faire référence en permanence : 1. aux finalités de l'organisation ; 2. aux politiques ; 3. et aux objectifs.
- ***Aider chacun à vivre ses valeurs.*** 1. Rappeler la fidélité à l'orientation prise. 2. Faire en permanence la liaison entre la théorie et la pratique. 3. Rechercher les outils correspondant aux fins : la fin ne peut jamais justifier les moyens. Par contre, la fin est déjà dans les moyens.
- ***Suivre une démarche d'élaboration du projet.*** 1. Faire un avant-projet comme animateur. 2. Le proposer à l'ensemble du groupe pour que les personnes y réfléchissent. 3. Débat pour permettre à chacun d'exprimer sa pensée, sa proposition. 4. Faire une synthèse. 5. Réalisation.
- ***Rédiger le projet*** en faisant ressortir : 1. La vie perçue par les membres du groupe (conscientisation). 2. Les problèmes pris en charge (sélection). 3. Les changements à opérer (innovation). 4. Le sens à donner à ces changements. 5. La stratégie qui indique l'itinéraire à suivre.
- ***Procédure de mise en œuvre.*** 1. Élargir le champ de conscience des personnes, du groupe, de la population. 2. Liaisons à établir avec des groupes qui prennent en charge la situation. 3. Dialoguer avec des organisations différentes qui travaillaient sur d'autres problèmes complémentaires. 4. Élaborer avec ces organismes un projet d'action commune.
- ***Élaborer des fiches d'orientation.*** Le faire en fonction des besoins. Par exemple : 1. Partir des statuts d'une association. 2. Les actualiser. 3. Faire circuler cette proposition. 4. Recueillir les réactions. 5. Faire une synthèse. 6. Débat en équipe. 7. Rédiger un nouveau texte. 8. L'utiliser comme référentiel permanent.
- ***Prévoir un code de déontologie.*** Face aux difficultés auxquelles l'organisation est affrontée, il ne sera possible de les prendre en charge sérieusement que si l'on rédige un code de déontologie qui fixe les limites dans lesquelles travailler et rappele les droits et les devoirs de chacun.

> *1. Toute activité doit avoir un* **sens** *choisi par l'organisation.*
>
> *2. Se donner les* **moyens** *de les respecter.*
>
> *3. Faire le* **point** *régulièrement.*
>
> *4. Réduire les* **contradictions** *entre théorie et pratique.*

Coordination

La gestion : activité politique (gérer le pouvoir)

- ***Gestion du pouvoir.*** Toute fonction nécessite trois éléments complémentaires ; avoir de l'autorité (fondement de notre personnalité), posséder du pouvoir (pour prendre les décisions individuelles qui s'imposent et participer aux décisions collectives quand c'est nécessaire), détenir une responsabilité précise, concrète (avec une définition de fonction).
- ***Gestion de tous les domaines de la vie du groupe.*** Gestion financière certes pour chaque fonction. Gestion technique pour avoir les outils nécessaires au travail des personnes et du groupe. Gestion des ressources humaines pour permettre à chaque personne d'utiliser au mieux ses capacités et ses aptitudes, etc.
- ***Définition de fonction.*** Nécessaire pour chaque responsabilité et comportant : l. la délimitation du territoire, 2. les tâches à accomplir, 3. le champ de décisions individuelles, 4. la participation aux décisions collectives, 5. la façon de participer à l'orientation, 6. à l'animation, 7. à la gestion, 8. à l'administration. Fonction proposée par les intéressés et débattue en groupe.
- ***Procédure de prise de décision.*** En premier lieu, distinguer les types de décisions : 1. les décisions individuelles dans le cadre de la définition de fonction, 2. les décisions collectives quand les enjeux sont importants, 3. les décisions unanimes (tous d'accord) non uniformes (actions différentes).
- ***Aider chacun à gérer son secteur.*** 1. Au quotidien, pour assumer les tâches courantes, 2. en liaison avec les autres responsabilités, 3. dans le cadre du projet pour réaliser les prévisions faites, 4. apprendre à anticiper de façon à prendre en charge les changements en cours.
- ***Rappeler les exigences pour assumer ses responsabilités.*** 1. Compétence technique, pour maîtriser ses outils. 2. Connaissance financière pour gérer correctement. 3. Compréhension des personnes pour faciliter les relations. 4. Situer sa démarche dans le temps pour suivre son évolution. 5. Dans l'espace par rapport aux autres. 6. Par rapport aux valeurs.
- ***Suivre une démarche participative.*** 1. Prévision, en fonction des situations et de l'orientation. 2. Discussion pour faciliter l'expression de chacun. 3. Organisation pour mettre de l'ordre dans les matériaux. 4. Programmation pour mettre en œuvre l'organisation. 5. Planification pour donner cohérence au tout. 6. Réalisation, mise en œuvre des décisions. 7. Bilan régulier en cours d'action et à la fin pour mesurer les écarts.

> 1. *La gestion englobe la* **totalité** *de la vie du groupe.*
> 2. *Ne* **pas confondre** *comptabilité (outils) et gestion (orientation).*
> 3. *Délimiter les* **responsabilités** *par des définitions de fonction claires et précises.*
> 4. *Toujours utiliser une démarche* **participative.**

L'animation : activité sociale (gérer la participation)

- ***Gestion des ressources humaines.*** Toute personne a des aptitudes (innées), des capacités (acquises par apprentissage et expérience), des virtualités (à faire émerger). Nous disposons de plusieurs outils complémentaires : 1. la relation, 2. la circulation de l'information, 3. l'accès à la documentation et à un centre ressources, 4. la formation pour développer ses compétences.
- ***Faciliter l'épanouissement de la personnalité.*** En favorisant l'accès de chacun à l'autonomie, au travers de ses responsabilités. En œuvrant pour que chacun accède à la socialisation, c'est-à-dire à l'accès à l'autonomie des autres au travers de ses responsabilités.
- ***Faciliter l'expression de chacun.*** Plusieurs étapes sont nécessaires 1. accueillir toutes les formes d'expression, 2. écouter les messages sans porter de jugement de valeur, 3. comprendre ce qui est dit, 4. exprimer ce que l'on a compris, 5. s'affronter pour échanger, 6. progresser vers l'unité en acceptant les accords, mais aussi de vivre avec des désaccords.
- ***Organiser les relations.*** 1. Les circonstances de la vie du groupe, les réunions, les rencontres personnalisées, les actions communes, les réflexions à plusieurs, etc. 2. Créer des lieux permissifs où chacun se sente à l'aise pour parler, s'exprimer, en sachant qu'il ne sera pas jugé, critiqué, évincé. 3. Dans chaque lieu favoriser la communication où chacun se sente libre.
- ***Établir des procédures de vie de groupe.*** 1. Prendre en compte les préoccupations et aspirations de chaque membre. 2. Définir les finalités, les politiques, les objectifs du groupe. 3. Élaborer un projet. 4. Répartir les responsabilités. 5. Définir les fonctions de chacun. 6. Prévoir les mécanismes de communication interne. 6. Organiser les relations avec l'extérieur.
- ***Accompagner le développement de la solidarité.*** Dans toutes les directions : 1. Entre membres du groupe. 2. Entre équipes de la même organisation. 3. Avec des organisations œuvrant sur les mêmes problèmes. 4. Avec les organisations différentes mais complémentaires. 5 Avec son milieu. On pourra ainsi instaurer un dialogue entre les personnes.
- ***Choisir un type d'engagement des personnes et du groupe.*** Directivité/non-directivité. Neutralité/implication en étant lucide : la neutralité n'existe pas. Objectivité/subjectivité sachant que seule la subjectivité est objective et que la somme des subjectivités conduit à l'objectivité. Certitudes/doute en constatant que le doute est la seule attitude scientifique.

> 1. *L'animation est une fonction clé. Elle donne la* **priorité** *aux personnes.*
> 2. *Elle favorise* **l'épanouissement** *des personnalités.*
> 3. *Elle permet à ces personnalités différentes de travailler* **ensemble.**
> 4. *Elle est le lieu d'apprentissage de la* **solidarité.**

L'administration : activité économique (gère l'efficacité)

- ***Gestion technique.*** C'est le domaine de la fabrication des outils : les moyens que sont les instruments pratiques de travail comme la convocation, le tableau, la salle, les sièges, etc. ; les méthodes ou façons de se servir des instruments donnent sens à l'action ; les procédures qui sont l'ensemble des consignes, des règles à appliquer pour utiliser moyens et méthodes.
- ***Diversité des outils.*** Ils concernent la totalité des moyens de communication :

- écrits : documents, convocation, compte rendu, fiches de travail, etc.
- oraux : conférences, mailing, discussion à deux, téléphone, etc.
- audiovisuels : télévision, caméscope, vidéoprojecteur, etc.
- informatiques : logiciels, réseaux, bases de données, Intranet, Internet, etc.

- ***Diversité des niveaux.*** Chacun à sa place a besoin d'outils diversifiés : 1. dans le cadre de sa responsabilité, 2. pour réaliser chacune des tâches, 3. pour travailler en équipe, 4. pour faire fonctionner l'organisation, 5. pour les divers aspects : orientation, gestion, animation, administration, 6. pour les diverses fonctions : création, facilitation, production, régulation.
- ***Prévoir l'organisation.*** L'organisation possède des outils pratiques. 1. La structure : choisir entre la structure pyramidale, hiérarchique ou la structure cellulaire, plus communautaire. 2. L'organigramme sera le reflet du choix de la structure. 3. Le projet précisera les actions.
- ***Procédure de réalisation.*** Pour concevoir un outil, plusieurs phases sont nécessaires : 1. La personne concernée fait une proposition. 2. Confronter l'outil aux pratiques de chacun. 3. Se rencontrer pour débattre des essais réalisés. 4. Aménager l'outil en tenant compte des réactions.
- ***Rassembler les outils.*** Cela permettra d'avoir une caisse à outils dans laquelle chacun pourra puiser en fonction de ses besoins. Pour cela : 1. Rassembler les outils existants. 2. Améliorer les outils quand l'utilisation en a démontré la nécessité 3. En créer de nouveaux quand cela s'avère nécessaire,
- ***Aider chacun à administrer.*** L'administration procure les outils nécessaires à la gestion, à l'animation, à l'orientation. Le danger consisterait à ce que l'aspect administratif d'une fonction soit centralisé entre les mains d'une personne ou d'une équipe, Il est préférable d'aider chacun à réaliser ses propres outils en fonction de ses besoins.

> *1.* **L'administration** *est une fonction nécessaire.*
>
> *2. Elle est indispensable pour assumer chaque* **responsabilité.**
>
> *3. Elle doit* **aider** *à fabriquer les outils et non le faire à la place des membres.*
>
> *4. L'administration concerne toutes les* **facettes** *de la vie sociale.*

L'engagement de l'animateur

L'animateur accompagnateur (inspiré de C. Rogers)

- ***Être authentique.*** Jouer des rôles peut donner le change sur de courtes périodes, mais notre entourage finit toujours par découvrir ce que nous sommes. Faisons tomber les masques pour être totalement nous-même. Cela servira d'exemple aux autres.
- ***S'écouter et accepter tel que l'on est.*** On travaille alors avec notre personnalité, nos aptitudes innées, nos capacités acquises. Nous sommes capables d'utiliser nos points forts comme nos imperfections, nos réactions spontanées comme nos comportements réfléchis.
- ***Ouvrir des voies de communication.*** Permettre aux autres de faire part de leurs sentiments, de leur univers tels qu'ils le perçoivent. S'efforcer de réduire les motifs de crainte, les besoins de défense, afin que chacun puisse exprimer librement ce qu'il éprouve.
- ***Apprendre à accepter une autre personne telle qu'elle est.*** L'accepter totalement pour lui permettre d'exprimer ses sentiments à notre égard : sentiment hostile, sentiment d'admiration, etc. L'accepter alors qu'elle peut avoir de la vie une autre conception que la nôtre.
- ***Attacher une valeur*** énorme au fait de pouvoir se permettre de comprendre une autre personne. Au départ nous portons souvent un jugement de valeur (bon, mauvais). L'effort de compréhension est difficile car il peut provoquer en nous des changements et cela nous fait peur.
- ***Une évaluation faite par autrui ne saurait nous servir de guide.*** Un jugement positif est aussi menaçant qu'un jugement péjoratif. Accepter qu'on nous dise que l'on agit bien c'est donner le droit de nous dire qu'on agit mal. C'est donc se priver de la capacité de se comprendre.
- ***L'expérience est l'autorité suprême.*** Notre propre expérience prévaut sur nos idées. Vient ensuite l'expérience des autres. L'expérience du groupe est aussi enrichissante, mais c'est à notre expérience qu'il faut revenir pour faire autorité.
- ***Les faits sont des amis.*** Ce sont eux qui nous mettent en présence directe avec le réel. Ce sont eux qui infirment ou confirment une hypothèse, une théorie. Ce sont des révélateurs. Ils permettent une perception beaucoup plus satisfaisante parce que plus exacte de la vie.

> 1. *L'animateur, par ce qu'il est, sert* **d'exemple** *(non de modèle) aux autres.*
> 2. *En s'acceptant tel qu'il est, il* **apprend** *à accepter les autres tels qu'ils sont.*
> 3. *Le jugement de valeur (bien, mal) des autres ne peut nous servir de* **guide.**
> 4. *Les faits,* **l'expérience** *sont des guides fiables.*

Engagement

L'animateur médiateur

• ***La médiation, interaction entre les personnes.*** La construction d'une personnalité est l'œuvre d'une collaboration communicative avec l'autre. C'est l'animateur, puis d'autres participants qui vont permettre l'accès à l'autonomie, grâce à la socialisation. Deux étapes sont nécessaires :

- *L'imitation* est sécurisante au départ. D'abord simple mimétisme, automatisme fonctionnel, l'imitation va se transformer. Dès lors la relation fait entrer en opposition avec l'autre ;
- *L'opposition* est la seconde étape. En rejetant le modèle de l'animateur, les participants ne gardent de lui que l'exemple de son autonomie.

• ***Le médiateur analyse ses relations aux autres.*** Elles sont variées ;

- interactions des participants entre eux,
- interactions animateur/participants, participants/animateurs,
- interactions animateur/groupe, groupe/animateur,
- interactions des groupes entre eux au sein de l'organisation,
- interactions entre organisations.

La médiation régule les actes des partenaires et la répétitivité permet ainsi la prévisibilité. L'autre devient alors capable d'anticiper, de devenir autonome et de participer à la vie du groupe.

• ***La médiation conduit à un changement de statut.*** Avec l'étape d'opposition, la relation repose alors sur un pacte social. Soit la personne reste bloquée par le modèle et elle reproduit, c'est un signe d'échec relationnel, l'autre n'a pas atteint son autonomie. Cela peut renvoyer une interrogation en miroir à l'animateur ; « Suis-je assez libéré pour être moi-même ? » « Est-ce que je reproduis aussi le conformisme ambiant ? ». Soit la personne est libérée, autonome. Elle permet une construction personnelle créative, permettant d'assumer sa différence en la mettant au service des autres membres, de l'équipe. À ce stade, cette personne peut devenir à son tour médiatrice.

• ***La médiation permet la collaboration.*** Le participant libéré accède à une capacité de conceptualisation (une conscience personnelle, une pensée individuelle) plus organisée et plus systématique. Ce que la personne a été capable de faire avec une aide, elle est devenue capable de le faire seule. C'est la tâche de l'animateur de tenir compte de la personnalité, des capacités présentes, des savoirs antérieurs, des expériences réalisées. Il doit les faire émerger dans la collaboration. Seule la collaboration favorise l'appropriation. Par la participation chacun mobilise toutes ses capacités permettant une réorganisation de toute la sphère de la personnalité et de son dynamisme.

1. *La médiation est une* **démarche** *permettant de passer de la dépendance à l'indépendance avant d'accéder à l'interdépendance.*
2. *Le médiateur commence à servir de modèle avant de servir* **d'exemple.**
3. *Si le médiateur est un être libéré il permettra aux autres de* **se libérer.**
4. *En étant libéré, il est possible de devenir* **médiateur.**

L'animateur libérateur grâce à l'œdipe

• ***Nécessité d'un animateur sur une période longue***

Être animateur, c'est accepter de l'être pour une certaine durée. Certains groupes, sous prétexte de démocratie, changent d'animateur à chaque réunion, c'est une cause d'inefficacité :

- À la fin de la réunion on s'aperçoit que l'on aurait pu faire différemment, mais on ne peut rectifier car la fois suivante c'est une autre personne qui anime.
- Un groupe évolue dans le temps. Il prend conscience de ses capacités d'autonomie. Il lui est donc nécessaire d'avoir une personne symbolisant l'autorité pour pouvoir réagir contre elle et ainsi progresser. Si l'animateur change à chaque réunion, le groupe ne peut se structurer.

• ***Le mécanisme de l'œdipe***

- *L'animateur symbolise l'autorité,* que ce soit un homme ou une femme. C'est **le groupe qui symbolise l'amour**, car chaque groupe aspire à la fusion, à la compréhension réciproque.
- *Le meurtre du père*. Au plan symbolique, c'est le meurtre de **l'autorité**, c'est-à-dire la remise en cause d'un statut de dépendance pour accéder à un statut d'égalité. La vraie non-directivité n'est donc pas possible avant le meurtre du père. Rappelons que **l'égalité** n'est pas d'être identique mais, au contraire, d'accepter d'être différent : que chacun puisse être totalement lui-même dans sa fonction. On passe ainsi de la dépendance à l'interdépendance, favorisant le **dialogue** avec l'animateur et entre les membres.
- *Le mariage avec la mère* symbolise aussi **l'égalité**. Comme la mère symbolise **l'amour**, c'est donc l'égalité dans l'amour qui est recherchée. Plus de paternalisme qui crée la dépendance. C'est donc l'acceptation de chacun des autres dans sa particularité, dans sa différence : aimer chacun tel qu'il est et accepter qu'il devienne autonome sans avoir besoin de nous. C'est cela le signe de l'amour qui permet la **compréhension** réciproque.

• ***Complémentarité des deux termes***

On voit aussi pourquoi les deux termes sont liés. On ne peut accepter le symbole du meurtre du père (remise en cause de son autorité) que si on accepte le mariage avec la mère (aimer chaque membre du groupe en l'acceptant tel qu'il est). Ainsi, paradoxalement, lorsqu'un animateur de réunion est remis en cause collectivement, c'est un signe de réussite. Cela signifie que sa personnalité a été perçue par le groupe comme étant capable de favoriser le passage à l'autonomie du groupe (meurtre du père) en facilitant sa cohésion (mariage avec la mère) par l'utilisation des différences comme facteurs de complémentarité, donc d'unité. L'objectif de l'animateur est que chaque membre soit autonome, il a donc réussi.

1. *Un animateur de groupe doit devenir un* **catalyseur.**
2. *Le meurtre du père est un appel à* **l'égalité** *dans la différence pour accéder au* **dialogue.**
3. *Le mariage avec la mère est un signe* **d'égalité** *qui facilite la* **compréhension** *réciproque.*
4. *Quand l'animateur est contesté, c'est signe de* **réussite :** *les participants deviennent autonomes.*

L'animateur dynamiseur

• ***Directivité/non-directivité.*** Termes équivoques. Il faut d'abord distinguer

1. La directivité sur la forme qui est le respect des méthodes, des procédures choisies par le groupe, mais qui n'entame en rien le contenu de l'expression de chacun.

2. La directivité sur le fond qui consiste à imposer ses idées avec, paradoxalement parfois, des méthodes non directives.

3. Quand je choisis d'être non directif, je suis directif car ce n'est pas la demande du groupe.

4. Quand je suis directif à la demande du groupe, je suis non directif puisque je réponds à un appel.

La question à se poser : Est-ce que ma façon d'être aide ou bloque l'accès à l'autonomie ?

• ***Implication/neutralité.*** La neutralité voudrait signifier que l'on ne prend pas parti. Certes, on peut l'affirmer, mais nos gestes, nos attitudes montrent trop souvent qu'il n'en est rien. Seule l'implication permet aux autres de savoir ce que l'on pense, de connaître notre position. 1. La neutralité c'est l'illusion. Nous avons tous des positions, 2. L'implication c'est le reflet de nos choix. Nous assumons nos pensées et nos actes, adoptant la stratégie du grand jour. 3. Notre implication interpelle les autres. Comment refuser de se dévoiler quand l'animateur a donné l'exemple ? 4. S'impliquer est une attitude mobilisatrice pour notre entourage.

• ***Objectif/subjectif.*** Certains pensent que l'objectivité existe. Comme si une personne seule pouvait avoir une perception exacte de la réalité. 1. L'objectivité c'est la subjectivité. En effet, quand dans ma réunion je dis « Je » en parlant de mes problèmes, je suis objectif. Pour les autres je suis subjectif car je reste marqué par mes difficultés. 2. La somme des subjectivités conduit à l'objectivité. Si l'on rassemble tous les « Je » des parents qui ont parlé de leur enfant, on aura une vision plus objective des problèmes, Mais pas des problèmes des autres classes. 3. L'objectivité s'approche par la somme des subjectivités qui nous permettra d'être plus objectifs sur l'école.

• ***Certitudes/doute.*** Les certitudes définitives bloquent toute discussion, toute évolution. 1. Toute certitude est située dans le temps (histoire), dans l'espace (géographie), dans le sens (philosophie, religion). Elle est donc relative. 2. La certitude empêche la recherche de la vérité puisqu'on croit la posséder, gêne le dialogue car on n'écoute pas l'autre-puisqu'on possède la vérité. Cela conduit au formalisme, au racisme, au dogmatisme. 3. Relativisons nos certitudes à aujourd'hui, mais demain, si nous avons d'autres éléments, nous en tiendrons compte. 4. Le doute permanent c'est l'altitude ouverte du scientifique qui continue de chercher sans cesse la vérité. Il sent qu'il est en marche vers la vérité mais qu'il ne la possède pas.

> *1. On est* **dynamique** *si l'on ne s'enferme pas dans des choix qui bloquent le changement.*
>
> *2. Le* **choix** *fait est en interrelation avec celui que nous avons écarté.*
>
> *3. C'est leur mouvement* **dialectique** *qui est riche pour l'avenir.*
>
> *4. Adopter une altitude* **d'ouverture** *au changement constructif.*

Chapitre 4

Situer les participants

Chaque personne est unique

Trouver un équilibre (entre autonomie et socialisation)

• ***L'autonomie***

- *Nature*. L'autonomie est une attitude personnelle pour assumer ses actes. Toute activité est formatrice de la personne. Elle est vécue en solitude et en relation.
- *Manifestation*. L'autonomie se manifeste par une prise en charge de soi-même passant par différentes phases : définir un projet sur soi et organiser son travail personnellement,
- *Fonction*. L'autonomie a pour fonction de construire la personnalité en devenant capable d'autodiscipline et de prendre des responsabilités à part entière.
- *Conditions d'accès*. Avoir un territoire personnel, avoir la capacité de prendre les décisions individuelles concernant notre vie et participer aux décisions collectives.
- *Les étapes conduisant à l'autonomie*. Au début l'obéissance, puis la contestation, pour être capable, par le dialogue, de passer à la phase d'expérimentation créative.
- *Les éléments de base*. Harmonie physique (pour assumer son corps). Équilibre affectif (capacité à avoir des relations). Développement intellectuel (pour acquérir une pensée personnelle).

• ***La socialisation***

- *Nature*. La socialisation est un acte personnel permettant d'apporter sa contribution à la réalisation d'activités communes, en s'appropriant un travail. C'est une activité formatrice de la vie personnelle et sociale, en remplaçant progressivement la compétition par la coopération.
- *Manifestation*. Les personnes concernées prennent en charge leurs problèmes ensemble au sein de groupes spécialisés. Ensuite, elles affrontent leurs projets d'équipe respectifs.
- *Fonction*. Elle favorise l'épanouissement des personnes, le dépassement de l'individualisme, en apprenant à partager les tâches et en utilisant les différences comme facteurs de progrès.
- *Conditions d'accès*. Être concernés collectivement par un problème, en être conscients et vouloir ensemble le prendre en charge.
- *Les étapes conduisant à la sociabilité*

* Au départ, dépendance par rapport aux personnes et au milieu.
* Réaction d'indépendance pour s'affirmer collectivement.
* Accès à l'interdépendance et à la complémentarité des groupes.

- *Les éléments de base*. Accepter de participer activement aux différentes tâches. Contribuer aux décisions collectives qui nous concernent.

> 1. **L'autonomie** *c'est permettre l'épanouissement de sa personnalité.*
> 2. *La* **socialisation** *c'est accepter l'autonomie des autres.*
> 3. *Autonomie et socialisation sont nécessaires pour être* **responsable.**
> 4. *La responsabilité nous rend* **complémentaire** *des autres.*

Participants

Acquérir une personnalité équilibrée

• ***Les éléments de l'autonomie*** se cristallisent autour de trois pôles.

- *L'équilibre physique conduit à la santé.* C'est dans le corps que s'enracinent nos sens : la vue, l'ouïe, l'odorat, le goût, le toucher, bases de toutes nos perceptions. C'est par nos sens que nous entrons en relation avec la nature et les autres humains. C'est encore par eux que nous pourrons épanouir nos aptitudes (innées) physiques, sensorielles, motrices, que pourront se développer nos capacités (acquises). C'est à travers le corps que pourra s'exprimer notre comportement.
- *L'équilibre affectif permet d'être soi-même.* C'est par nos sentiments que nous communiquons en profondeur avec les êtres et les choses. C'est une combinaison d'éléments émotifs et imaginatifs qui peuvent être d'ordre intellectuel, moral ou affectif, comme la sympathie, l'admiration, le ressentiment, etc. Ce sont aussi des phénomènes psychiques conscients et inconscients qui influencent nos perceptions et nos conduites comme l'intuition, l'inspiration, la compréhension. Notre attitude dépend de tout cela.
- *L'équilibre intellectuel facilite l'accès à une pensée personnelle.* L'esprit est la source de notre intelligence. Il nous permet de penser. Par lui nous établissons des relations entre la théorie et la pratique, entre la conscience et l'expérience. Sa démarche nous permet de passer de la perception à la connaissance, à la conscience, à la réflexion, à la compréhension pour décider des actions à entreprendre. Ainsi œuvrant à l'acquisition d'un mode de pensée (dialectique, systémique, complexité), nous aboutissons à l'obtention d'une pensée personnelle riche en contenu, source d'enrichissement du groupe par le dialogue.

• ***Les éléments de la socialisation*** se cristallisent autour de trois pôles.

- *Le pôle économique nous permet de travailler.* C'est par le travail humain que l'on participe à la création de la nature, à la création de l'homme, à la création de la communauté humaine. Tout travail qui n'est pas créateur, qui réduit l'homme à être un animal (utiliser sa seule force physique) ou une machine (automatisme du taylorisme), ne peut être considéré comme du travail humain.
- *Le pôle politique nous autorise à décider.* Le politique c'est la gestion du pouvoir depuis la cellule familiale jusqu'aux États et aux organismes internationaux. Dans une société pyramidale, le pouvoir est monopolisé par le sommet ; dans une société plus communautaire, le pouvoir est partagé grâce à la répartition des responsabilités entre toutes les personnes.
- *Le pôle idéologique peut nous conduire à l'amour.* Cette valeur est fondamentale pour déterminer nos finalités, nos politiques, nos objectifs, afin d'élaborer nos projets. L'amour a trois caractéristiques de base : 1. ne pas avoir de projet sur autrui mais sur soi, 2. être disponible à toute demande, 3. être créateur en affrontant nos projets différents pour faire un projet commun.

1. *L'autonomie est à* **l'interaction** *du physique, de l'affectif et de l'intellectuel.*
2. *La socialisation est à* **l'interaction** *du travail, de la décision et de l'amour.*
3. *La personne équilibrée c'est* **l'interaction** *permanente de l'autonomie et de la socialisation.*
4. *L'équilibre de la personne nécessite d'être soi-même comme* **être de relations.**

Être soi-même (objectif de chaque participant)

- ***En s'aimant.*** S'occuper de soi a trop souvent été considéré comme une forme d'égoïsme, en contradiction avec l'intérêt que nous devons porter aux autres. Or, paradoxalement, comment aimer les autres si l'on ne s'aime pas ? S'aimer permet de saisir comment aimer les autres.

- ***En ayant une pratique de soi.*** C'est une pratique d'autoformation qui est une pratique de rigueur, d'exercice de soi sur soi par lequel on essaie de se transformer et d'accéder à un certain mode d'être. Car on ne peut changer que soi, pas les autres. Pour pratiquer la liberté, il faut l'exercer à son égard. On ne peut imposer à d'autres de changer s'ils ne le désirent pas. La liberté ne s'octroie pas, elle se conquiert. Commençons par la conquête de notre propre liberté d'être nous-même.

- ***En acceptant l'autre tel qu'il est.*** Nous découvrirons que ses particularités, sa différence peuvent nous enrichir. Alors que, s'il était identique à nous-même, il ne nous apporterait rien. L'acceptation de l'autre c'est ne pas avoir de projet sur lui mais rechercher, quand il y a difficulté, en quoi notre façon d'être a pu la provoquer. Nous pourrons alors faire des projets de changement sur nous.

- ***En organisant nos relations avec les autres.*** C'est avec l'autre et par l'autre que nous pouvons devenir nous-même. Nous sommes ambivalents. Nous avons envie de rencontrer l'autre, nous prenons le risque que cette rencontre nous interpelle, que sa différence, par sa richesse ou sa dégradation, provoque en nous le désir de changement. Nous sommes tiraillés entre deux désirs : rester ce que nous sommes, nous enrichir de la différence de l'autre.

- ***En devenant responsable.*** C'est faire des choix dans les domaines où nous sommes concernés. C'est accepter une participation active au changement social en prenant notre part de responsabilité au sein du groupe. Par ce choix, nous ne sommes plus des assistés qui attendent tout de l'action des autres. Nous acceptons de prendre une part de responsabilité dans la vie de la cité, à travers notre participation à la vie de notre organisation.

- ***En agissant.*** La responsabilité c'est poser des actes, tant à l'intérieur de notre organisation (participer à l'élaboration d'un projet) que dans la cité (assumer les situations). Cela suppose de notre part d'être conscient des enjeux de société posés par le problème pris en charge (chômage par exemple). Face à ces enjeux, trouver des solutions créatives qui conjuguent changement social et changement des personnes. Intégrer la population dans la démarche du changement.

1. *Pour être soi-même il est nécessaire de* **se connaître.**
2. *Apprendre à* **s'aimer** *tel qu'on est.*
3. *C'est en agissant avec ce que nous sommes que nous* **changerons.**
4. *Nous sommes la* **mesure** *de ce que nous pouvons faire avec les autres.*

Devenir solidaire (nécessité pour chaque participant)

- ***La solidarité est un choix.*** C'est un acte volontaire qui a un sens. Il serait possible de choisir d'autres critères pour l'action, par exemple l'efficacité, le progrès, la justice. Dans la solidarité nous retrouvons l'amour comme valeur fondatrice des autres valeurs. Au cours des âges, nous sommes passés de la charité à la fraternité, puis à la solidarité. Elle nous permet de rejeter tous les égoïsmes représentés par l'individualisme, le matérialisme, le fanatisme, le dogmatisme, etc.
- ***Elle nécessite des personnes adultes équilibrées.*** Le danger pour certain est de croire que seule une minorité a les capacités de devenir adulte. C'est erroné, toute personne, si elle le désire, peut le devenir. Le désir est l'élément moteur. C'est lui qui nourrit la volonté nécessaire pour le devenir. On ne naît pas adulte, on le devient par choix. C'est notre devoir à tous de montrer l'exemple de ce que peut faire un être adulte qui devient conscient de ses responsabilités.
- ***Capable d'assumer le monde dans son déroulement.*** Les personnes centrées sur elles-mêmes ont un horizon clos. Les personnes adultes se fabriquent un horizon ouvert.

1. *Être conscient d'être dans un monde en mutation*. Les changements sont nombreux et rapides. Ils nécessitent que nous soyons capables d'anticiper quand nous prenons nos décisions pour que nos enfants ne soient pas prisonniers de nos imprévoyances.

2. *Avoir une vision prospective*. C'est-à-dire avoir les capacités de percevoir les évolutions pour que nous en tenions compte. Cela suppose d'élargir nos compétences, depuis les aspects techniques jusqu'aux aspects humains, et de faire du travail pluridisciplinaire.

3. *Acquérir une pensée scientifique*. Nos analyses ne sont pas toujours très rigoureuses. Elles sont souvent le reflet de nos idéologies. Introduire plus de rigueur permettra d'éviter certains errements. Une pensée scientifique part de la réalité perçue et se fonde sur l'expérimentation.

4. *Utiliser une démarche active et participative*. Cela suppose :

- développer notre conscience pour VOIR les problèmes concrets,
- faire appel à la pensée pour JUGER en fonction de nos valeurs choisies,
- épanouir la tolérance pour AGIR avec discernement avec les autres.

- ***Ce n'est possible qu'avec des êtres créateurs,*** disponibles en permanence à tout ce qui surgit, fruit du travail des humains. Être suffisamment adulte pour se libérer des modèles, des dogmatismes en tout genre, pour apporter notre contribution à la création du monde en collaborant avec les autres. Ainsi l'utilisation et la mise en œuvre de l'énergie des humains nous éviteront le double piège de l'activisme (agir pour agir) et de l'idéalisme (fuite dans les idées).

> 1. *Sans la* **solidarité,** *c'est le règne de l'individualisme.*
> 2. *L'individualisme conduit au* **chaos.**
> 3. *La solidarité permet de tisser des* **liens** *entre les humains.*
> 4. *Grâce à ces liens, nous pouvons continuer la* **création** *du monde et par là de nous-même.*

La participation

Un esprit démocratique

Mettre en place une démarche participative suppose de faire l'apprentissage de la participation à la base, dans nos groupes, au quotidien.

• ***Son sens.*** Face au monde dans lequel nous vivons, étant conscients de l'accélération des mutations il est urgent que les humains prennent en charge leur destin. La personne se rend compte qu'elle n'est pas seule face à son avenir. Elle peut alors se joindre aux autres personnes qui ont les mêmes problèmes qu'elle. C'est pourquoi le fondement de toute action est la solidarité.

• ***Son contenu.*** La participation suppose quelques repères.

- *Avoir un projet* de changement qui précisera le sens de l'action en définissant une finalité avec ses valeurs, des politiques dans les secteurs pris en charge, des objectifs de réalisation à court terme.
- *Avoir une stratégie* de réalisation précisant le programme de l'organisation, les étapes successives de réalisation (itinéraires), les responsabilités de chacun et les délais de réalisation.
- *Avoir une dynamique* de coopération de tous les membres, grâce à la répartition des responsabilités entre les membres, dans le cadre d'une définition précise.

• ***Sa démarche.*** Elle favorise la participation de chaque membre, à tous les niveaux

- à la réflexion sur l'analyse de la réalité et des problèmes,
- à l'élaboration du projet prenant en charge cette réalité,
- à l'organisation des différents problèmes pour donner cohérence au tout,
- aux décisions à prendre pour faire les choix nécessaires,
- à la réalisation de l'action pour résoudre les problèmes choisis,
- au bilan des résultats pour améliorer.

• ***Ses conditions.*** Elle découle de ces éléments :

- Choix collectifs du sens et de ses applications au projet ;
- Processus participatif à chaque étape entraînant :

* réflexion	* affrontement
* expression	* décision

- Acceptation du changement. Il serait paradoxal que des personnes participent à la programmation du changement dans la société et n'acceptent pas de changer elles-mêmes. Le changement de la personne se réalise à travers sa participation au changement de la société.

1. *La participation est le moyen de passer de la démocratie formelle à la* **démocratie réelle.**
2. *La participation est exigeante car elle suppose une* **présence** *à chaque étape du processus.*
3. *La participation c'est le* **dépassement** *de l'individualisme pour vivre la solidarité.*
4. *La participation nous fait entrer dans la voie du* **changement.**

Acquérir une pensée personnelle

• ***La réflexion***

La réflexion désigne la concentration par laquelle l'esprit éclaircit ses pensées, analyse ses sentiments, perçoit son identité corporelle. Elle se réalise par une *triple démarche :*

- elle permet à la personne de saisir ses propres potentialités dans l'unité de son corps, de son esprit et de ses sentiments, pour les utiliser dans la direction choisie pour donner sens à ses actes ;
- elle permet à la personne de saisir le monde matériel dans son mouvement, pour percevoir ses constantes et ses changements, pour se situer de façon anticipatrice et rester maîtresse de son destin ;
- elle permet à la personne de saisir la société humaine dans sa diversité et l'interaction des aspects, pour pouvoir toujours situer son action en tenant compte de la complexité du système social.

La réflexion permet donc de dégager, au-delà de nos sentiments particuliers, de nos expériences personnelles ou collectives, à partir des signes qui nous interpellent, leur signification. C'est la capacité à décoder les signes, c'est-à-dire à transformer, par l'esprit, l'événement. Mais le résultat de la réflexion ne peut être affirmation, elle est interprétation permanente, ce dont il faut être conscient.

• ***La nourriture de la réflexion***

La réflexion se nourrit à *trois sources* complémentaires :

- *La raison*. C'est la faculté intellectuelle au moyen de laquelle la personne peut connaître et comprendre une situation, des personnes ou un événement. Son outil est la logique dont l'objet est de conduire la raison dans la connaissance, pour en dégager une compréhension considérée comme valable, en faire surgir le sens ou lui en donner un. Son matériau de base est le concept.
- *L'intuition*. C'est la capacité de sentir ou pressentir les personnes ou les événements. C'est la connaissance directe, immédiate, sans le secours de la raison. Toute intuition a un caractère de découverte mais, pour exister, elle suppose l'abandon préalable de toute idée préconçue. C'est elle qui permet l'hypothèse, base de toute démarche scientifique, qui fait ensuite appel à la raison. Elle se nourrit de sensations, de perceptions, de passions, d'expériences accumulées, d'empathie.
- *Le raisonnement* a besoin de la raison et de l'intuition. Il intervient toutes les fois que la pensée n'aperçoit pas immédiatement les relations ou les rapports entre des faits, entre des idées, entre des faits et des idées. Les opérations immédiates ou intuitions entrent dans le raisonnement pour en assurer les enchaînements. Les opérations logiques issues de la raison viennent donner au raisonnement sa cohésion, sa direction. Le raisonnement est donc l'instrument par lequel s'organisent et s'étendent la connaissance humaine, la compréhension des phénomènes.

1. *Nous avons tous un outil, le* **cerveau.** *Il faut apprendre à s'en servir.*
2. *Notre pensée se nourrit de réflexion et de* **raisonnement.**
3. *Avoir une* **pensée personnelle** *c'est apporter aux autres des matériaux nouveaux.*
4. **Aider les autres** *à acquérir une pensée personnelle, c'est favoriser l'enrichissement de l'équipe.*

Avoir une démarche de pensée

La réflexion n'a de sens que si elle débouche sur une action. Pour cela, il est utile d'avoir une démarche de pensée. Elle comporte trois éléments en interaction : 1. les faits, 2. la pensée, 3. les actes, ou Voir-Juger-Agir, ou les 3 C : Constater, Comprendre, Construire.

1. Les faits (voir). Il est souhaitable de distinguer *deux éléments* différents :

- *Les faits observables*. Ce sont tous les événements dont nous sommes conscients. Certes, il se passe une multitude de faits au cours d'une journée, mais nous ne percevons que ceux qui entrent dans le cadre de nos préoccupations, ainsi une première sélection est faite. Or, ce n'en est que l'apparence, c'est la partie visible de l'iceberg. C'est le signe, il nous faudra apprendre à le décoder.
- *Les faits psychiques*. Ce sont toutes les interprétations que nous donnons aux comportements et aux attitudes des personnes. C'est aussi l'image que nous nous faisons de nous-même. Là aussi, c'est un point de départ puisqu'on ne peut échapper à l'interprétation. Pour avancer vers plus de vérité, il serait souhaitable de passer de l'interprétation à la compréhension.

2. La pensée (juger). C'est la capacité d'utiliser des faits, fournis par nos sens ou déjà emmagasinés dans notre mémoire, pour comprendre une situation, une personne. Notre pensée peut être reproductrice, c'est-à-dire le reflet des idées à la mode, ou elle peut être créatrice.

La pensée permet aussi de **juger**, Le jugement est une opération consistant à se faire une opinion sur laquelle on règle sa conduite. C'est aussi un acte de pensée comportant la décision de choisir une orientation considérée comme plus conforme à notre éthique. Mais attention aux jugements de valeur (bien ou mal). Il nous faut apprendre à porter des jugements de réalité éclairés par des valeurs.

3. Les actes (agir). Ce sont toutes les actions que nous posons après réflexion pour apporter un changement à une situation dans laquelle sont impliquées des personnes. L'action peut être individuelle ou collective. Elle peut consister à provoquer des changements en nous, dans notre groupe, dans notre organisation, dans des institutions, dans la société, etc. Quel que soit le niveau de l'action et quel que soit le problème, son efficacité dépendra de la participation aux décisions des partenaires concernés.

4. Interaction. Si chaque aspect a été séparé, cela ne signifie pas qu'il n'influence pas les autres et qu'il n'est pas influencé par eux. Cette démarche est dynamique dans la mesure où l'on est conscient que le fait est un signe, que la pensée le décode pour agir correctement, que l'action le transforme. Ainsi s'amorce un processus de changement où la pensée sert de moteur à l'action.

> 1. *Une pensée se construit* **volontairement.**
> 2. *On peut l'utiliser de façon différente grâce à notre* **liberté.**
> 3. *Adopter une démarche permet de passer plus facilement de* **la pensée à l'action.**
> 4. *C'est une démarche dynamique qui permet le* **changement.**

La préparation de la réflexion

La participation conduit à l'expression. Cette expression sera préparée par la réflexion.

- ***L'analyse.*** Si l'analyse permet, en s'appuyant sur une connaissance du passé, de mieux saisir les différentes facettes du présent, pour déterminer les perspectives d'avenir, toute analyse globale de départ doit être complétée par une analyse permanente qui prend en charge les changements.

- La méthode cartésienne peut nous aider à faire l'analyse.

1. Règle de l'évidence : Ne jamais recevoir aucune chose pour vraie que je ne la connaisse évidemment être telle.

2. Règle de la division : Diviser chacune des difficultés que j'examine en autant de parcelles qu'il se pourra et qu'il sera requis pour la mieux résoudre.

3. Règle ascendante : Conduire par ordre mes pensées en commençant par la plus simple pour monter peu à peu jusqu'à la connaissance des plus composées.

4. Règle du dénombrement : Faire partout des dénombrements si entiers et des revues si générales que je puisse assurer de ne rien omettre.

- ***La synthèse.*** Si l'analyse permet la connaissance détaillée d'un problème, la synthèse en saisit les relations existant entre les éléments. Elle donne la cohérence à des éléments disparates. Elle permet de rendre plus compréhensible le complexe.

- *La méthode de la synthèse* c'est d'utiliser une forme de pensée dialectique, c'est-à-dire une pensée en mouvement qui s'enrichit des contradictions et des différences.

1. La thèse : C'est l'affirmation d'une position réfléchie et argumentée, capable de nourrir le débat.

2. L'antithèse : Recherche des contradictions qu'il y a dans la thèse ou sur une autre thèse.

3. La synthèse : Recherche dans l'une et dans l'autre des éléments de dépassement.

4. La synthèse devient à son tour une thèse : Elle engendre une antithèse, nécessite une nouvelle synthèse. C'est ce que l'on appelle le mouvement dialectique.

Dimensions de la synthèse. Elle comporte des aspects complémentaires :
- rassembler les points communs,
- faire ressortir les points différents, non abordés par l'une ou par l'autre,
- dégager les divergences, c'est-à-dire les positions opposées.

Le débat sur les points différents les feront passer soit avec les points convergents, soit avec les points divergents.

Il faut apprendre à vivre dans nos groupes avec les points de divergence puisqu'ils existent.

> *1. L'analyse et la synthèse sont* **inséparables.**
>
> *2. L'analyse* **décrit.**
>
> *3. La synthèse* **relie.**
>
> *4. La pensée dialectique nous fait utiliser les* **contradictions** *comme facteurs de changement.*

L'expression de la participation

S'exprimer

• ***Importance de l'expression.*** La parole est l'élément déterminant.

- *Le droit à la parole s'assimile à la liberté.* Pas de vraie liberté sans la possibilité d'avoir le droit de prendre la parole pour exprimer ses sentiments, ses pensées. C'est la base de toute participation.

- *La parole est le propre de la personne.* Elle manifeste la dignité de la personne humaine. Pour créer le monde en partageant ses aspirations, ses besoins. Pour les traduire en projets qui aient un sens.

- *La parole va vers l'autre pour être entendue.* C'est par l'accueil qu'elle est reçue. C'est par l'écoute qu'elle peut être comprise. C'est de la compréhension que naîtra le projet qui nourrira l'action.

• ***Les étapes de l'expression***

- *Spontanéité* = libération de notre énergie. On ne peut être spontané que si on a longtemps réfléchi à un problème, si on l'a mûri. Paradoxalement, la spontanéité est le fruit de la densité. Elle est créative.
- *Volonté* = maîtrise de notre énergie. On peut avoir des choses à dire, mais ne pas avoir le courage de les dire, par peur, par complexe. C'est en décidant de sortir de soi que l'on mobilise son énergie.
- *Sélectionner* = organiser son énergie. Dans la masse de choses que nous avons à dire, il est nécessaire de faire un tri entre l'essentiel et l'accessoire.
- *Transmettre* = communiquer son énergie. Toute cette préparation a pour objectif d'arriver à transférer aux autres nos perceptions, nos réflexions, nos propositions, pour dialoguer.

• ***Expression quantitative***

- *Tout le monde doit pouvoir parler.* Certains pensent qu'ils n'ont rien à dire. Pourtant, avant et après la réunion, ils parlent. Que l'animateur et les autres participants les interpellent spontanément.
- *Pas avec la même quantité d'interventions.* Les uns parlent plus, d'autres moins. C'est normal, nous sommes différents. À condition que l'écart ne dépasse pas le rapport de 1 à 3.
- *Repérer les blocages qui empêchent les gens de parler :* les apartés, les brouhahas, la timidité.

• ***Expression qualitative***

- *Dire « Je »,* c'est exprimer une pensée personnelle qui part de l'expérience de chacun. Quand on est concerné par un problème, on le connaît, mais surtout on apporte des matériaux supplémentaires.
- *Suppose une préparation.* Si l'on prend l'habitude de préparer ses interventions, on aura moins peur de parler. S'imposer d'intervenir au moins une fois. Commencer par le plus facile.

1. *L'expression est la manifestation de la* **liberté** *de l'être.*
2. *S'exprimer suppose au préalable que l'on ait* **réfléchi.**
3. *Cette réflexion préalable conduit à la* **spontanéité.**
4. *L'expression de chacun crée une* **pensée collective** *à une équipe.*

Expression

Apprendre à écouter

1. Se rendre disponible. Avant d'aborder une conversation, une conférence, ou de participer à une réunion, faire l'effort de se vider de ses préoccupations personnelles pour être pleinement disponible aux personnes qui s'expriment et au contenu de leur message.

2. Faire attention à l'autre. C'est fixer son attention sur le message de l'autre, parce que nous sommes persuadé qu'il a quelque chose de spécifique à dire qui peut nous enrichir. Cette attention soutenue nécessite d'avoir confiance dans l'autre et de lui porter un intérêt vrai.

3. Découvrir le but. Toute personne qui parle a une intention précise qu'il s'agit de déceler. En découvrant son objectif, on aura la clé de la compréhension de son discours, pour en saisir la complexité et en faire émerger le sens profond.

4. Dégager la structure. Consciemment ou inconsciemment, un message est toujours structuré. Apprendre à dégager les idées principales, les distinguer des idées secondaires. De cette organisation, apprendre à repérer les idées forces nous entraînera pour acquérir l'esprit de synthèse.

5. Être actif. Regarder celui qui parle, cela établit le contact, facilite l'écoute et encourage celui qui parle. Quand c'est possible, entraînons. Nous à résumer en quelques phrases dans la structure l'essentiel du message. Nous en saisirons plus facilement le sens.

6. Se mettre sur la même longueur d'onde. Quitter son propre champ personnel pour entrer dans celui de l'autre. Se placer de son point de vue pour le comprendre, ce qui ne veut pas dire être d'accord avec ce qui est dit, c'est un essai d'approche objective qui nous permet ensuite de choisir.

7. Éviter les jugements de valeur. Un message n'est ni bien, ni mal. Il n'apporte rien (ce qui est très rare) ou il m'apporte quelque chose. Il faut alors percevoir la contribution de l'autre à mon enrichissement. C'est un jugement de réalité, éclairé par des valeurs.

8. Réagir. Apprendre à intervenir, soit pour éclairer ce que nous n'avons pas compris, soit pour compléter les manques, soit pour dialoguer, afin de faire part de nos accords et de nos désaccords. L'échange est toujours enrichissant pour les personnes qui s'expriment.

1. *L'écoute est une fonction essentielle pour* **dialoguer** *ensuite.*
2. *C'est un effort constant pour se* **vider** *de ses a priori, pour être disponible au message de l'autre.*
3. *C'est un apprentissage intéressant pour* **la maîtrise de soi.**
4. *Et un apprentissage de la* **synthèse.**

Faire l'effort de comprendre

1. ***Définition.*** Comprendre de *comprehendere*, c'est-à-dire saisir, prendre, contenir, renfermer en soi, englober. Avec *com,* en particulier, en même temps les faits et leurs causes, le signifiant et le signifié. C'est prendre avec, liant les parties en présence, en profondeur avec sympathie.

2. ***Comprendre n'est pas expliquer.*** Expliquer revient à faire connaître la cause de quelque chose, la personne n'apparaît plus comme un être libre. Elle devient le jouet d'un mécanisme. L'historicité de l'individu risque d'être réduite à son passé, son avenir est jugé à l'aune de celui-ci.

3. ***Comprendre c'est déchiffrer.*** Comprendre signifie saisir ensemble, englober, embrasser en un tout cohérent des éléments disparates, comme l'on forme en soi un enfant. Il s'agit de donner une signification qui organise ce qui est incompréhensible.

4. ***Comprendre c'est appréhender le sens d'une existence.*** Tout changement de sens altère l'ensemble de ce qui compose une existence et donne à chacun de ces éléments une nouvelle signification. D'où la nécessité de comprendre l'ensemble de l'existence d'une personne.

5. ***C'est la liberté qui donne sens à ce que nous sommes.*** La personne peut choisir ce qu'elle est. Mais la personne est un être unique qui est marqué par ses relations aux autres lui donnant une dimension universelle. En retour, la personne marque aussi les autres. C'est cette dialectique du particulier et de l'universel qui est la caractéristique de la liberté.

6. ***L'acte est déterminé par un projet.*** Ce n'est pas le passé qui est déterminant, mais le futur, sous la forme d'un projet que se donne toute personne. Comprendre quelqu'un c'est faire le retour du futur (projet), vers le présent (ici, maintenant), à la lumière du passé (son histoire).

7. ***Comprendre c'est découvrir ce qu'on a fait d'une personne.*** En remontant le cours du temps comme en marchant à reculons, nous découvrons ce que d'autres (famille, école, etc.) ont fait de nous. C'est à la lumière de l'avenir d'une personne que nous pourrons découvrir ce qu'elle est.

8. ***Comprendre c'est savoir ce qu'une personne a fait de ce qu'on a fait d'elle.*** Ce temps est le plus important, c'est par lui que nous atteignons le sens et la forme d'une existence. Nous comprenons alors comment une personne a interprété chaque événement de sa vie et lui a donné sens. Le passé utilisé ainsi délimite en quelque sorte le champ d'exercice de la liberté.

> 1. *La compréhension est une recherche de la* **liberté.**
> 2. *C'est une* **quête du sens** *donné à la vie.*
> 3. *C'est partir du futur pour utiliser le passé comme* **matériaux de compréhension.**
> 4. *C'est dégager ce qu'une personne a été* **capable** *de faire de ce qu'on a fait d'elle.*

L'affrontement

Nous vivons dans une société où 90 % des conflits sont des conflits de pouvoir.

• ***Les conditions pour qu'il y ait affrontement***

1. Croire que l'on ne possède pas toute la vérité.
2. Liberté totale d'expression (les rapports hiérarchiques l'empêchent).
3. Égalité des personnes en présence.
4. Accepter la réciprocité : parler, écouter, comprendre.
5. Exprimer totalement sa vérité.
6. Rechercher la part de vérité des autres.
7. Prendre le temps nécessaire.
8. Accepter de changer par l'apport de la différence des autres.
9. Ne pas porter de jugement de valeur (bien, mal).
10. Éliminer la loi lie la majorité.

• ***La procédure de l'affrontement***

- *En préalable*, vérifier l'accord sur l'objectif et la divergence sur les moyens de l'atteindre.
- *Déroulement*

1. Expression totale de la thèse.
2. Expression de l'antithèse, sans tenir compte du nombre de personnes qui la défendent.
3. Noter au tableau, en mettant face à face les thèses en présence. Le tableau objectivise ce qui est dit, il oblige à être clair et concis, il évite les répétitions, il canalise la violence des expressions.
4. Faire la synthèse en faisant apparaître :

* les points de convergence (plus de débat nécessaire),
* les points différents (non abordés par l'un ou l'autre).
* les points divergents (les oppositions).

5. Débattre des points différents pour qu'ils rejoignent les points convergents ou divergents.
6. Utiliser les divergences comme sources de progrès.
7. Aboutir à des Décisions unanimes non uniformes si possible (DUNU).

- *Rencontre sur des pratiques*. Sans cela, il y aurait scission. Par exemple, dans un établissement scolaire, 80 profs veulent continuer leur travail avec leurs méthodes habituelles ; 20 profs souhaitent expérimenter des méthodes nouvelles. Avec le vote ils ne pourront jamais expérimenter étant minoritaires. Avec les DUNU, ils peuvent expérimenter à condition que les deux parties en présence acceptent de se retrouver pour confronter leurs pratiques par rapport à l'objectif commun.

> 1. *L'affrontement est une* **procédure** *de règlement de nombreux conflits de pouvoir.*
> 2. *Il oblige chaque partie en présence à* **s'enrichir** *par la différence de l'autre.*
> 3. *Cette différence est utilisée comme* **moteur** *du changement social.*
> 4. *La clé en est le* **dialogue.**

Être responsable

Faire autorité

- ***Définition.*** Des sources complémentaires : *auctoritas* dérivé de *auctor* être auteur, créateur et *augere* = faire croître. L'autorité émane de la personne : faire autorité. L'autorité c'est la capacité à être soi-même dans la relation aux autres, tout en leur permettant de devenir eux-mêmes.
- ***Interprétations***. Trois possibilités se présentent : 1. Être autoritaire : c'est généralement le signe d'un manque d'autorité. On abuse de son pouvoir. 2. Être auteur de soi, développer sa capacité d'être. 3. En développant sa personnalité permettre aux autres d'être aussi auteurs d'eux-mêmes.
- ***Caractéristiques.*** 1. L'autorité influence les autres, sans avoir recours à la force, par son seul ascendant. 2. L'autorité est légitime, c'est-à-dire reconnue par son entourage sans avoir besoin d'un statut légal. 3. L'autorité est assumée de façon différente puisqu'elle est liée à la personnalité.
- ***Répercussions.*** L'autorité c'est ce qui fonde les *leaders*. Ils influencent par leur personnalité, leur compétence, Aussi, au lieu de faire la chasse aux *leaders*, l'animateur recherchera en quoi chaque participant peut être *leader*, quel est son point fort pour le mettre au service de l'équipe.
- ***Comment acquérir de l'autorité.*** Choisir les points sur lesquels faire des efforts.

1. Prendre conscience de son potentiel.
2. S'accepter tel que l'on est.
3. Acquérir de l'assurance.
4. Avoir confiance en soi.
5. Travailler avec ce que l'on est.
6. Se donner le droit à l'erreur pour pouvoir expérimenter.
7. Développer ses compétences.
8. Élargir sa culture.
9. Choisir et approfondir ses valeurs.
10. Développer sa conscience morale.
11. Être disponible aux autres.
12. Adopter l'altitude scientifique en cultivant le doute.
13. Accepter de changer.
14. Apprendre à anticiper.

> *1. L'autorité est l'expression de la* **personnalité** *de chacun.*
>
> *2. Elle n'a pas besoin de légalité pour être* **légitime.**
>
> *3. L'autorité ouverte permet aux* **autres** *d'acquérir de l'autorité.*
>
> *4. Un groupe est plus riche grâce à l'autorité de* **chacun** *de ses membres.*

Responsabilité

Avoir du pouvoir

- ***Définition.*** Du latin populaire *potere*. Venu de *posse* être capable de, avoir de l'importance, de l'influence, de l'efficacité. Le pouvoir nécessite : 1. d'en avoir les capacités (pour cela on se forme), 2. d'en avoir les possibilités (en soi, dans le groupe). 3. d'en avoir la volonté. On peut avoir les capacités et les possibilités, si on n'en a pas la volonté il n'existe pas.
- ***Interprétation.*** Nous devons choisir entre trois possibilités : 1. Monopoliser le pouvoir en le gardant pour soi. 2. Le déléguer mais, lorsque la délégation vient du haut, elle délègue les tâches et non le pouvoir, ce qui crée des conflits. Quand la délégation vient du bas par l'élection, les votants ne délèguent plus leur pouvoir et demandent de prendre part aux décisions. 3. Le partager en répartissant les responsabilités à chaque personne de l'organisation.
- ***Caractéristiques.*** 1. Le pouvoir influence en ayant recours à la force, grâce aux sanctions (punition ou récompense). 2. Le pouvoir vient de l'institution, il est donc légal (les dictatures élaborent les lois nécessaires à leur maintien au pouvoir), 3. Il engendre une inégalité de statut.
- ***Répercussions.*** Le pouvoir sécrète les chefs. Grâce notamment à la prolongation de la scolarité, on ne peut plus commander les fils comme leurs pères ou leurs grands-pères.
- ***Comment utiliser son pouvoir plus judicieusement***

1. Repérer les niveaux de conscience face à un problème.
2. Attendre les demandes. les contestations.
3. Considérer une révolte comme un appel, une réussite.
4. Remplacer l'obéissance par le dialogue.
5. Négocier avec les personnes concernées qui réagissent.
6. Commencer les changements avec les volontaires (ne pas imposer).
7. Dans les équipes, chaque personne a une responsabilité.
8. Faire l'apprentissage des décisions individuelles et collectives.
9. Expérimenter les décisions unanimes non uniformes.
10. Provoquer la rencontre des pratiques différentes.
11. Organiser le travail en équipe.
12. Accroître la participation à tous les niveaux de l'élaboration aux décisions.
13. Utiliser le potentiel de chaque personne.
14. Élaborer ensemble un code de déontologie.

> 1. *Toute* **personne** *possède du pouvoir (décide comment utiliser son revenu par exemple).*
> 2. *Il serait souhaitable de mettre en place des* **structures** *qui permettent l'utilisation de ces capacités.*
> 3. *Il faudra faire l'apprentissage de la prise de* **décision.**
> 4. *et l'apprentissage du partage du pouvoir par la* **responsabilité** *de chacun.*

Développer ses responsabilités

- ***Définition.*** Des sources complémentaires : *spondere* = répondre, s'engager, *re* : en retour d'une promesse. La responsabilité c'est la capacité de répondre de sa parole par ses actes. C'est s'engager à tenir ses promesses quoi qu'il en coûte.
- ***Interprétation.*** Nous avons là encore trois interprétations possibles : 1. La recherche d'un bouc émissaire. C'est fuir ses responsabilités. 2. Être responsable pour les autres. Altitude paternaliste car on ne croit pas les autres capables d'être responsables. 3, Être responsable avec les autres. C'est faire se rencontrer les personnes concernées pour qu'elles prennent leur sort en main.
- ***Caractéristiques.*** 1. L'influence est réciproque : j'influence les autres par ma responsabilité, comme ils m'influencent par la leur. 2. La responsabilité est au cœur de la dialectique légitimité (avoir les compétences nécessaires), égalité (avoir un statut dans l'organisation). 3. La responsabilité est fondée sur l'égalité des personnes dans leurs fonctions différentes.
- ***Répercussion***. Si l'autorité suscite le *leader ;* le pouvoir, le chef ; la responsabilité engendre l'animateur. Chacun sera animateur grâce à sa responsabilité.
- ***Comment développer la responsabilité***

l, Avoir des groupes à taille humaine (optimum 7 - maxi 15).

2. Chaque personne a une responsabilité fonctionnelle (ex : trésorier) et une responsabilité politique.

3. Pour répartir les responsabilités, partir des désirs des personnes.

4. En tenant compte des besoins du groupe.

5. La responsabilité est individuelle (si elle n'est pas assumée rien ne se fait), mais aussi collective (permettre à tous d'accueillir, de faire les comptes).

6. Éviter le cumul des responsabilités.

7. Fixer une durée à la fonction (1 à 10 ans maxi).

8. Rédiger une définition de fonction.

9. Qui précise le champ des décisions individuelles et collectives.

10. Être responsable AVEC et non POUR les autres.

11. Prendre conscience de la complémentarité des fonctions.

12. Faire chaque année le bilan.

13. Pas de valeur attachée aux fonctions, mais aux personnes.

14. Tout cela inclus dans une structure cellulaire communautaire.

> 1. *Chaque personne doit avoir une* **responsabilité.**
> 2. *Cette responsabilité est précisée dans une* **définition de fonction.**
> 3. *Nécessité de* **revoir** *les définitions de fonction chaque année pour les enrichir.*
> 4. **Inventer** *des structures communautaires qui se substituent aux structures pyramidales.*

Rédiger des définitions de fonction

• ***Contenu d'une définition de fonction*** (trame à aménager)

1. *Les objectifs*. Préciser à quoi il faut parvenir dans le cadre de sa responsabilité.
2. *Délimiter le territoire*. Chacun agit dans un secteur donné. Il est nécessaire de préciser les limites.
3. *Énumérer les tâches à accomplir*. Les préciser dans les deux secteurs :

- fonctionnel : pour faire marcher efficacement l'organisation,
- politique : en tenant compte de la particularité de l'organisation.

4. *Préciser les champs de pouvoir*. Le pouvoir s'exprime par les décisions :

- décisions individuelles et participation aux décisions collectives,
- décisions unanimes non uniformes toutes les fois que cela est possible.

5. *Établir les champs d'autorité* des compétences à acquérir ou développer

- fonctionnelles : création, facilitation, régulation, production,
- politiques : orientation, animation, gestion, administration.

6. Les moyens dont on dispose pour assumer sa responsabilité :

- matériels : locaux, outils, finances, documents, etc.
- humains : avec qui collaborer, comment faire participer tout le monde, etc.

7. *Les collaborations à établir*

- internes : avec les autres responsabilités,
- externes : avec d'autres organisations.

8. *Le champ d'initiative possible*

- pour favoriser le développement personnel,
- pour favoriser le développement de l'organisation,

9. *Les périodes de bilan*

- en cours de mandat pour rectifier si nécessaire,
- à la fin de l'année pour mesurer les écarts et prendre les décisions correctives nécessaires.

• ***Procédure pour élaborer une définition de fonction***

1. Répartition des responsabilités à chaque membre du groupe.
2. Définition de fonction par la personne concernée qui propose.
3. Diffusion de la proposition à chaque membre pour réflexion.
4. Débat sur les propositions des membres du groupe.
5. Synthèse pour dégager les points d'accord et de désaccord.
6. Rédaction définitive en intégrant les points d'accord.
7. Bilan annuel pour aménagements éventuels.

> 1. *La définition de fonction est indispensable pour fixer les* **territoires** *de responsabilité de chacun.*
> 2. *Avoir* **l'autorité** *pour exercer une fonction et le* **pouvoir** *pour la réaliser.*
> 3. *Une procédure* **participative** *facilite la clarification.*
> 4. *Une personne dynamique fait évoluer sa fonction en* **l'enrichissant.**

Chapitre 5

Positionner le groupe

Les bases du groupe

Les éléments constitutifs d'un groupe

1. C'est un l'ensemble de personnes en nombre restreint. Deux, c'est un couple, plus de 15 c'est un rassemblement. Le chiffre optimal étant 7, pour l'expression de chaque personne.

2. Ayant un objectif commun, conscient ou non, doté d'une certaine permanence.

3. Sécrétant des rôles émanant des besoins du groupe et des personnes.

4. Élaborant des normes, dites ou non dites, sous des formes variées :

- règles régissant les conduites, les intérêts, les interactions, les comportements ;
- codes réglant les rites, les croyances, les habitudes, les attitudes.

5. Entraînant une forte interdépendance des membres entre eux : sentiments de solidarité, enrichissement mutuel créant un sentiment d'appartenance.

6. Provoquant une solide cohésion. L'esprit d'équipe va naître d'une pensée collective forgée par une réflexion, une recherche des actions communes, après décisions collectives.

7. Favorisant les communications de toute nature au sein du groupe grâce aux échanges qui se réalisent au cours des réunions ou entre les réunions. Grâce aussi aux activités et aux responsabilités.

8. Dans le cadre d'une structure que le groupe s'est donnée, structure de fonctionnement interne à l'équipe avec ses responsabilités réparties entre tous les membres.

9. Le groupe vivant évolue dans le temps. Il s'enrichit depuis sa naissance par l'apport de chacun de ses membres, par les actions qu'il entreprend, par les projets qu'il réalise chaque année.

10. Sur un territoire donné. Chaque groupe est localisé géographiquement, mais s'est aussi spécialisé dans la prise en charge de certaines situations qui le concernent plus directement.

> 1. *Un groupe est un tout* **complexe.**
> 2. *Il est* **dynamique** *par la vie de ses membres.*
> 3. *Sa vie provoque des* **changements** *sur ses membres et sur la société.*
> 4. *C'est le premier terrain possible* **d'expérimentation** *de la démocratie réelle.*

Groupe

Le champ de forces dans un groupe

- ***La notion de champ.*** Le champ correspond à l'ensemble des faits ayant une liaison entre eux et s'influençant réciproquement. La notion de champ permet de saisir l'étendue, le cadre d'un phénomène pour en dégager les composantes.

- *Le champ personnel.* Ce sont tous les faits psychiques, affectifs, physiques, intellectuels, existant à un moment donné qui, par leur interaction, déterminent le comportement d'une personne.

- *Le champ social.* C'est l'ensemble des rapports sociaux existant entre les membres d'un groupe (économiques, politiques, idéologiques) qui, par leur interaction, déterminent notre fonction sociale.

- ***La notion de forces.*** C'est l'ensemble des énergies existantes pour mettre en mouvement, dans une direction donnée, des personnes ou des groupes. La force, c'est un pouvoir d'action existant en toute personne, en tout groupe, et leur permettant d'apporter leur contribution au changement social.

- *Forces de progression* qui impulsent l'action dans une direction choisie par les personnes concernées conscientes des changements à opérer.

- *Forces de contrainte* qui freinent les forces de progression, dont l'origine peut être dans des personnes ou groupes en désaccord avec nos choix.

Toutes ces forces interviennent dans le champ personnel ou dans le champ social. Elles peuvent être utilisées de façon constructive, en fonction de nos objectifs.

- ***Les composantes d'un champ de forces.*** Ce sont quatre variables en interaction.

- *L'existence des faits.* Un fait c'est une réalité sociale vécue, que nous en soyons conscient ou non. Si nous n'en sommes pas conscient, elle nous marque sans que nous puissions intervenir. Si nous en sommes conscient, nous pouvons la prendre en charge pour l'utiliser dans une direction donnée.

- *L'interdépendance des personnes et de leur environnement.* La personne vit dans un environnement qui la marque. À son tour, elle influe sur son environnement. C'est le rapport de forces qui provoque des changements, soit de destruction quand on utilise l'environnement à son seul profit, soit de création si on intervient sur l'environnement pour le rendre plus humain.

- *L'enracinement historique.* Tout comportement dépend du champ de forces dans lequel il vit. Ne pas oublier les effets de situations antérieures léguées par nos prédécesseurs. Comme nos décisions d'aujourd'hui influencent les comportements des générations qui nous suivront.

- *Les rapports des personnes avec le milieu.* Des lois existent comme la loi de la pesanteur, de la relativité, etc. On ne peut les ignorer. En connaissant les lois qui régissent la vie des groupes, il devient possible de les utiliser dans la direction que nous aurons choisie.

> 1. *Le champ personnel et social est un champ de* **forces.**
> 2. *Nous pouvons utiliser ces forces pour* **construire** *ou pour détruire.*
> 3. *Leur* **connaissance** *est nécessaire pour les utiliser.*
> 4. *C'est notre* **liberté** *qui donne sens à cette utilisation.*

Bases

Les phénomènes de groupe

L'orientation

- ***Les désirs et les besoins.*** Deux éléments inséparables. Le désir c'est une tendance devenue consciente, une aspiration née de la frustration, d'un manque. Il donne à la vie sa tonalité. Le besoin naît du désir et non l'inverse. C'est pour combler un manque, pour satisfaire un besoin, que l'on agit. Le désir de sens engendre le besoin de le rechercher et de l'assumer.
- ***La finalité.*** Ce désir de sens va nous faire rechercher l'organisation qui proposera des actions avec une orientation qui corresponde à notre conception de la personne, à notre conception de la société, aux valeurs que l'on veut promouvoir. Mais, au départ, notre adhésion est une adhésion affective. Après seulement, l'on passe à l'adhésion raisonnée.
- ***Les politiques.*** C'est, comme nous l'avons vu, l'application de la finalité à un secteur particulier de la vie sociale : la famille, l'entreprise, l'école, etc. généralement rattaché à une institution. Et, à l'intérieur de ce secteur, il y a des problèmes plus spécifiques. C'est donc la mise en œuvre des valeurs dans un secteur et domaine particuliers.
- ***Les objectifs.*** C'est la traduction des politiques (moyen terme) dans les actes de la vie courante (court terme) en tenant compte des finalités (long terme). C'est le domaine du passage à l'action, ce qui nécessite de respecter certains impératifs : les quatre critères qui font de l'objectif une démarche opérationnelle (p. 26). Un objectif doit être univoque, c'est-à-dire ne pas prêter à interprétation.
- ***Le code de déontologie.*** Face aux mutations qui touchent tous les secteurs de la société, nous n'avons plus de repères pour éclairer nos actes. Les limites du passé ne peuvent nous être utiles car elles ne pouvaient prévoir les changements profonds de ces dernières années. Les découvertes en biologie, dans le domaine atomique, dans les secteurs de l'information, de la communication, nécessitent que les personnes concernées élaborent leur code de déontologie.
- ***Le contrat social.*** L'ordre social repose sur un contrat tacite passé entre chaque citoyen et tous ses semblables. Il permet le passage d'un état de nature à un état de culture soulignant par là que, depuis l'hominisation, le champ culturel s'élargit sans cesse. Le contrat social permet à chacun de respecter les lois élaborées ensemble, dont le code de déontologie fait partie.

> 1. *Toute personne est en* **quête de sens.**
> 2. *Elle doit pouvoir le* **trouver** *dans son groupe.*
> 3. *Elle peut* **participer** *à son élaboration.*
> 4. *Ce sera le moyen d'une* **appartenante** *plus profonde.*

Phénomènes

La progression du groupe vers ses objectifs

• ***L'objectif est situé dans un projet.*** Nous avons vu qu'un projet est un document qui cristallise la dimension éthique d'une organisation. Il satisfait le besoin de clarté pour les membres du groupe qui savent où ils vont, pourquoi ils y vont et comment ils y vont. Il donne cohérence à l'ensemble des éléments nécessaires à l'action en les situant chacun par rapport aux finalités et aux politiques. Le projet, quand il est réalisé par l'ensemble des membres du groupe, est le reflet d'une politique participative qui est le facteur le plus motivant pour que les participants agissent dans la cité.

• ***L'objectif est situé dans une stratégie*** ou un itinéraire. C'est-à-dire que les politiques sont décomposées en plusieurs objectifs finals, lesquels sont ensuite divisés en objectifs intermédiaires, chacun étant une étape d'une progression pour les atteindre. Rappelons que l'objectif intermédiaire : 1. se situe dans le cadre de l'objectif final ; 2. sera le plus petit possible ; 3. pour pouvoir être atteint, car, si l'on n'atteint pas celui-là, on n'ira pas plus loin dans la progression ; 4. il sera mobilisable pour que les personnes aient envie d'agir ; 5. pour cela il partira du niveau de conscience des personnes.

• ***L'objectif est situé dans la vie d'une organisation.*** Nos objectifs individuels doivent se situer dans le cadre des objectifs du groupe. Ceux-ci sont placés dans le cadre des objectifs de l'organisation. Certes, nous avons l'habitude de partir du sommet pour que les autres échelons se situent en correspondance avec lui. Il serait souhaitable à l'avenir, si l'on veut avoir des groupes plus démocratiques, de partir des problèmes perçus et étudiés par la base qui, en remontant, permettraient à l'organisme coordinateur d'être en prise directe avec le réel.

• ***Le problème des minorités.*** Il est rare qu'un groupe recueille l'assentiment de la totalité de ses membres. Des minorités se forment. Parfois elles sont empêchées de s'exprimer, d'autres fois elles ont la parole, mais elles ont tendance à s'opposer. Il est nécessaire d'être clair en la matière. Une organisation a des finalités, des politiques, des objectifs. Tous les membres du groupe doivent être en accord avec ses orientations, sinon il vaut mieux changer d'organisation. Par contre, on peut être en désaccord sur la manière d'atteindre ces objectifs. On a alors recours, d'une part à l'affrontement, d'autre part aux décisions unanimes non uniformes.

• ***Les ajustements nécessaires.*** Un objectif n'est pas dogmatique. Simplement il doit demeurer immuable dans l'action jusqu'à ce qu'on l'atteigne. À ce moment on doit refaire l'analyse pour savoir si les changements ont été plus rapides ou plus lents que prévu. Dans ce cas, il faut modifier les objectifs intermédiaires suivants pour tenir compte de la réalité.

> *1. Pour qu'une progression ait lieu, il faut des* **objectifs clairs** *et précis.*
>
> *2. Qu'ils soient* **perçus** *par chacun.*
>
> *3. Qu'ils aient été* **élaborés** *par les membres du groupe.*
>
> *4. Qu'ils soient* **revus** *régulièrement.*

La cohésion

• ***Réponse du groupe aux besoins individuels.*** Les besoins sont très diversifiés : besoins d'affiliation, de prestige, de reconnaissance, de pouvoir, de valorisation, de sublimation, etc. Cela demandera du temps pour les percevoir car, si certains besoins sont exprimés clairement, d'autres ne sont pas extériorisés. L'animateur devra tenter de déceler le non-dit derrière le dit.

Alors peut commencer la réponse du groupe aux besoins individuels. Dans la plupart des cas, cela se fera par l'intermédiaire des responsabilités réparties entre les membres du groupe. Chaque participant choisira en fonction de ses désirs, mais en tenant compte des besoins du groupe. Ainsi, par le jeu du dialogue, chacun pourra s'exprimer et, par le jeu de la responsabilité, être reconnu.

• ***Réponse des personnes aux besoins du groupe.*** Le groupe aussi a des attentes à l'égard des personnes. Il attend d'elles qu'elles apportent leur contribution à sa vie interne, mais aussi à son impact externe.

- *À la vie interne* en participant activement à faciliter les relations entre ses membres. Au lieu de se refermer sur un territoire clos, chacun apporte sa contribution pour enrichir le territoire des autres. Cela entraîne la réciprocité et fait faire l'apprentissage de la complémentarité des personnes grâce à leur différence de personnalité et à leur différence de responsabilité et de fonction.

- *À la vie externe* du groupe en acceptant de sortir du cocon sécurisant du groupe pour, d'une part agir sur le milieu avec la population, d'autre part en collaborant avec des organisations de même nature (syndicats, partis, associations humanitaires, écologiques, etc.), enfin en acceptant de travailler avec des organisations différentes mais complémentaires sur un même problème.

• ***Participation active.*** C'est en définitive ce qui favorise le plus la cohésion du groupe. La participation est l'élément déterminant.

- *Participation des personnes à la vie du groupe :* à chacune des étapes de sa vie, de l'élaboration à la réalisation en passant par la décision, à chacune de ses activités qui prennent en charge un problème de la vie de la cité ou seulement un de ses aspects.
- *Participation du groupe à la vie de l'organisation* en étant présent à toutes les instances de coordination mises en place pour faciliter l'échange et le dialogue entre groupes. Cela permet de s'enrichir des expériences différentes réalisées par les uns et les autres et réciproquement.

• ***Participation du groupe à la vie de la cité.*** Au travers des problèmes particuliers sur lesquels il s'est spécialisé. Par sa présence dans les instances locales par exemple, il apporte sa contribution à l'élaboration d'une politique qui utilise la citoyenneté des personnes, des groupes, des organisations.

1. *La cohésion d'un groupe c'est ce qui fait sa* **force.**
2. *Elle sera plus forte si le groupe répond aux* **besoins des personnes.**
3. *Et si les personnes répondent aux* **besoins du groupe.**
4. *La* **participation** *est le facteur clé de la cohésion.*

La communication

• ***Essai de définition.*** Communiquer c'est mettre en commun (*communicare*), partager (*communion*) et transmettre, permettre d'établir des relations sur la base de réciprocité.

• ***Les facteurs qui interviennent dans toute communication***

1. *L'objectif* de la communication : c'est lui qui donne le sens à l'expression.
2. *Le cadre de référence de l'émetteur et du récepteur :* personnalité, culture.
3. *L'information* à rassembler, à traiter et à utiliser.
4. *L'émetteur* est la personne qui a quelque chose à dire, à transmettre.
5. *Le message*, c'est le contenu de la transmission, il n'est jamais neutre.
6. *Le réseau*, c'est l'ensemble des canaux de transmission du message.
7. *Le récepteur*, c'est la personne ou le groupe à qui est destiné le message.
8. *Les déviances*, ce sont les perturbations, les déformations que peut subir le message.
9. *Le feed-back*, c'est la réaction en retour des récepteurs vers l'émetteur.
10. *Les ajustements*, ce sont les corrections apportées, perçues, grâce au *feed-back*.

• ***Les principes de base d'une communication efficace***

1. *Le récepteur* est le plus important, si on ne se met pas à sa portée rien ne passe.
2. *Le feed-back* est indispensable, il conduit à la compréhension.
3. *L'émetteur* doit être compétent et s'impliquer.
4. *Le message,* accessible à tous, savoir expliquer simplement les choses compliquées.
5. *Choisir le canal le plus efficace*. On retient 5 % de l'oral, 80 % du message que l'on produit.
6. *Capacité à percevoir et analyser les déviances* venant de chaque aspect.
7. *Veiller à communiquer* avec chaque membre du groupe.
8. Chaque communication est *unique*.
9. Une communication en profondeur demande du *temps*.
10. Toute communication est un système *complexe* de relations.

• ***Les niveaux de communication.***

- *La discussion*. C'est l'élément vital de toute vie sociale. C'est elle qui tisse notre réseau de relations. Demander des nouvelles des personnes permet de rentrer en contact avec autrui.
- *L'échange* franchit un degré supplémentaire. On passe à un contact plus profond pour apporter à l'autre sa pensée et, réciproquement, pour s'enrichir quantitativement.
- *Le dialogue*. C'est accepter de se remettre en cause, par l'autre, dans une relation de compréhension qui nous fait changer réciproquement. C'est un enrichissement qualitatif.

> 1. *La communication est le moyen d'être en* **relation** *avec autrui.*
> 2. *Une communication* **peut être** *aliénante ou libérante.*
> 3. Le **récepteur** *est toujours déterminant.*
> 4. Le **dialogue** *est un apprentissage à faire.*

L'interaction

• ***Caractéristiques.*** La méthode dialectique considère les divers phénomènes de la nature et de la société comme liés entre eux et se conditionnant réciproquement. L'être vivant est modifié par le milieu où il vit et modifie à son tour ce milieu. Dans la société, les faits économiques amènent des modifications politiques et réciproquement. Les sciences permettent le développement des techniques et réciproquement les techniques font évoluer les sciences. Aucun phénomène naturel, culturel ou social ne peut être compris si on l'isole de l'ensemble dont il fait partie.

• ***Fonctionnement.*** La cybernétique aujourd'hui est la science et la technique de la communication des informations, ainsi que des mécanismes de régulation et d'autorégulation, en particulier grâce au *feed-back*. Le *feed-back* désigne les phénomènes de rétroaction. Le sens est passé des sciences physiques aux sciences humaines.

Un système cybernétique comporte :
- une entrée qui reçoit les informations venues du milieu environnant,
- une mémoire dans laquelle ces informations sont stockées,
- un organisme (les personnes, les groupes, les ordinateurs) qui classe les informations reçues,
- une sortie qui donne la réaction pour déclencher l'action en fonction du but fixé,
- une rétroaction qui renvoie les nouvelles informations nées des actions.

• ***Quelques exemples d'interaction au sein d'un groupe***
- *Les rapports des personnes entre elles* par leur personnalité respective : cela déclenche des phénomènes d'attirance (amitié) ou de rejet (haine).
- *Les rapports dus aux fonctions exercées* qui peuvent déclencher de la solidarité ou des antagonismes. La structure pyramidale provoquera plutôt des antagonismes, chacun défendant son territoire clos. Une structure plus cellulaire, non hiérarchique, développe davantage la solidarité.
- *Les rapports animateur/participants* qui dépendront de la façon dont l'animateur a choisi d'exercer sa fonction. S'il permet à chacun d'être lui-même dans sa propre fonction, il accompagne un changement bénéfique pour la personne et pour le groupe. S'il se prend pour un chef qui monopolise le pouvoir, il provoquera des tensions, des abandons, du relâchement.
- *Les rapports groupes/institution.* Chaque groupe est inséré dans une organisation qui dépend d'une institution. Les phénomènes d'interaction seront destructifs si le groupe est considéré comme un pion qui exécute des consignes. Ils seront constructifs si l'institution et l'organisation se nourrissent de l'apport de chacun des groupes de base.

> 1. *L'interaction est un phénomène à* **analyser.**
> 2. *Tout phénomène peut être* **orienté** *par un objectif.*
> 3. *Tout objectif peut être atteint si une* **structure** *porteuse le facilite.*
> 4. *L'interaction peut être enrichissante si on* **choisit** *la façon de l'utiliser.*

La socialisation

La socialisation concerne les personnes avec qui l'on est en relation. Elle recouvre l'ensemble des processus par lesquels chaque personne parvient à vivre avec sa personnalité au sein des groupes, des organisations, des divers milieux dont elle fait partie. C'est l'utilisation de son autonomie dans le rapport à l'autonomie des autres. Trois axes importants sont à privilégier.

1. Le phénomène de leadership. Dans tout groupe, des *leaders* surgissent qui l'influencent par leur personnalité. L'animateur peut être tenté de les éliminer pour qu'ils ne gênent pas la vie du groupe. Comme on est *leader* à partir d'un point fort reconnu par les autres, ce serait se priver d'une richesse que de les éliminer. La solution la plus pertinente consiste, au contraire, à rechercher en chaque membre du groupe ses points forts pour qu'il devienne *leader* à son tour quand on a besoin de sa spécialité. Tous *leader*, cela élimine la domination du *leadership* de quelques-uns.

2. Les fonctions sont parfois des moyens pour les personnes de rester repliées sur leur territoire. Leur définition de fonction ayant décrit leurs tâches et les décisions afférentes à leur responsabilité, malheur à la personne qui viendrait empiéter sur leur territoire. Il semble judicieux aujourd'hui de considérer les fonctions comme des territoires ouverts permettant à chaque membre du groupe d'apporter des suggestions mais aussi de pouvoir faire appel à l'aide des autres. L'important dans une fonction ce n'est pas forcément de réaliser la tâche soi-même, mais de faire que la lâche soit réalisée.

3. La participation. C'est la démarche la plus efficace pour réaliser la socialisation des personnes. En participant activement à la vie du groupe par l'intermédiaire de sa fonction, mais aussi en répondant aux appels des autres, on partage avec les autres ses compétences. Encore faut-il que la structure du groupe le permette, qu'elle favorise cette participation permanente et à tous les niveaux, depuis l'élaboration en passant par la décision jusqu'à l'exécution. C'est une préparation incontournable à la citoyenneté qui est participation active à la vie de la cité.

• ***Les étapes de progression conduisant à la socialisation***

- *Dépendance*. Je suis tributaire des autres. Ma liberté est limitée à mes capacités qui sont réduites.
- *Indépendance*. Réaction à la dépendance, l'œdipe me permet l'accès à l'autonomie.
- *Interdépendance*. Mon autonomie va s'affronter à l'autonomie des autres. Je vais apprendre à travailler avec les autres pour atteindre un objectif choisi.
- *Socialisation*. C'est le moment d'un autre choix : par réalisme se soumettre à l'interdépendance ou lui donner un sens qui serait la solidarité.

> 1. *La socialisation c'est le passage à la* **vie adulte.**
> 2. *Elle se réalise par le* **partage.**
> 3. *On peut lui donner un* **sens.**
> 4. *En permettant à* **chacun** *d'utiliser toutes ses capacités pour lui-même et pour le groupe.*

Les tensions

1. Les difficiles. On en trouve dans tous les groupes. Ils provoquent des difficultés entre les membres du groupe. Les connaître est facile puisqu'ils gênent la vie du groupe. Les comprendre est plus difficile. Pour Freud, la personnalité s'élabore sous l'influence de *quatre tensions* principales : les phénomènes physiologiques de croissance, les menaces extérieures, les frustrations ressenties et les conflits avec l'entourage. Cela oblige la personne à faire appel à des mécanismes de défense pour rester elle-même. L'animateur ou des participants avec lesquels il s'entend mieux peuvent établir des liens d'échange pour faire prendre conscience des conséquences des tensions qu'ils provoquent dans le groupe et les aider, s'ils l'acceptent, à surmonter ces obstacles internes.

2. Les conflits. Dans 80 % des cas les conflits sont des conflits de pouvoir qui provoquent l'agressivité des personnes à l'égard de ceux qu'elles considèrent comme ayant empiété sur leur territoire. Certes, la définition de fonction, élaborée avec la personne concernée et les autres membres du groupe, peut, en partie, faciliter la résolution des conflits de pouvoir. Mais l'important c'est de profiter d'un conflit de territoire pour faire accepter par toutes les autres personnes qui ont une responsabilité que, lorsqu'on travaille en groupe, le territoire n'est pas clos. C'est un territoire ouvert, un tremplin pour travailler avec les autres à partir de sa fonction. Il est important que chaque fonction soit délimitée, mais celui qui l'exerce doit tendre à collaborer avec les autres.

3. Les minorités. Dans un groupe ou une organisation les conflits de pouvoir de quelques-uns peuvent provoquer une rencontre sur un problème précis. Une minorité existe alors et il s'agit de savoir quel rapport établir entre une ou des minorités et l'ensemble des autres membres du groupe ou de l'organisation. La première chose à faire c'est d'analyser l'origine du conflit. S'il porte sur l'objectif de l'organisation, il est préférable que cette minorité recherche l'organisation qui correspond à ses objectifs. Si le conflit porte sur les moyens d'atteindre l'objectif, il conviendra de faire l'apprentissage, à côté des décisions individuelles (fonction), des décisions collectives (groupe), d'utiliser les décisions unanimes (tous d'accord) non uniformes (pour faire des choses différentes).

Pour surmonter les tensions, rechercher, pour chaque cas, le type de résolution qui convient :

- pour les difficiles, la compréhension sera plus efficace que l'exclusion ;
- pour les conflits de pouvoir, l'apprentissage de l'affrontement deviendra une nécessité, nous faisant faire un entraînement pour la négociation ;
- pour les minorités, s'entraîner aux décisions unanimes non uniformes toutes les fois que c'est possible fera faire un pas vers plus de démocratie.

> *1. Les tensions sont des* **appels** *pour aller plus loin.*
>
> *2. Apprendre à les* **utiliser** *de façon constructive.*
>
> *3. En trouvant un mode de* **résolution** *qui tienne compte du problème.*
>
> *4. et des* **personnes** *en jeu.*

L'organisation

- Choix d'un sens pour l'organisation interne

- Favoriser l'expression de chaque membre du groupe afin qu'il développe son autonomie et partage avec les autres ses richesses personnelles.
- Permettre l'échange des membres du groupe entre eux grâce aux réunions et aux relations qui s'établissent entre les réunions.
- Développer la participation à la vie du groupe, à tous les niveaux, depuis la préparation, l'élaboration, la décision, jusqu'à la réalisation.
- Accroître l'efficacité d'une équipe. On est plus intelligent à plusieurs que seul et la conjugaison des forces décuple les résultats.
- Faciliter les apprentissages de la démocratie. En la réalisant à taille humaine où c'est plus facile on prépare le développement de la citoyenneté.
- Améliorer les communications tant internes qu'externes afin de faciliter les échanges, les dialogues, les négociations pour chaque personne et pour chaque groupe.

- ***L'organisation a besoin de trois éléments complémentaires***

- *Une organisation technique* en vue de son efficacité qui dépendra en partie de la façon dont elle choisira ses outils, les élaborera et les utilisera. Par exemple : organigramme, planning, projet, définition de fonction, etc. Pour l'utilisation avoir toujours présents à l'esprit les objectifs.
- *Une organisation politique* qui permet de gérer le pouvoir. Ou il est monopolisé au sommet ou il est partagé grâce à la répartition de responsabilités entre les membres du groupe. Ce qui nécessite une définition de fonction claire délimitant les territoires pour faciliter la coopération.
- *Une organisation structurelle*. Depuis des millénaires nous vivons dans des structures pyramidales. Avec la prolongation de la scolarité, l'apport des médias, le champ culturel de chacun s'est élargi provoquant une aspiration à s'exprimer sur tous les problèmes qui nous concernent. Cela nécessite une révision profonde de notre mode d'organisation structurelle nous obligeant à rechercher des structures plus participatives, moins hiérarchiques, comme les structures cellulaires plus communautaires. Cela nous permet d'expérimenter à froid les changements inéluctables au lieu d'attendre d'être obligé de le faire à chaud dans les pires conditions. La cellule de base avec 7 personnes pourrait être le point de départ de regroupement de 7 cellules (49 personnes) pour arriver à une organisation de 7 regroupements (343 personnes). Structure à taille humaine pour construire la démocratie véritable. Faire la chasse aux établissements scolaires, hospitaliers, administratifs, immeubles urbains de plus de 1000 personnes. Le patronat l'a compris qui décentralise les usines en unités de 200 personnes.

> 1. *L'organisation c'est un* **squelette.**
> 2. *C'est la* **vie** *que nous y mettons qui compte.*
> 3. *Et le* **sens** *donné à cette vie.*
> 4. *Pour faciliter la* **participation** *de chacun.*

L'évolution

- ***La naissance.*** Des personnes prennent conscience d'une situation qui les concerne. Elles recherchent parmi les organisations existantes celle qu'elles considèrent comme susceptible de répondre à leurs attentes. Si elles ne la trouvent pas pour diverses raisons, en général difficultés à participer activement aux décisions, elles créent un groupe avec un projet (il se crée en France 150 associations par jour, sans compter les entreprises et autres).
- ***L'étape de recherche de sécurité.*** Au début, chacun cherche sa distance à l'égard des autres. Trop fusionnel au début, le groupe fait peur. Trop distant, il inquiète. Une insécurité est ressentie. Ensemble une recherche se fait pour trouver un équilibre satisfaisant pour tous, la quête de la sécurité pour surmonter l'angoisse de l'inconnu.
- ***L'étape de recherche d'unité.*** Progressivement, les membres du groupe apprennent à travailler ensemble. À travers les conflits, on apprend à se connaître et, en cherchant à les résoudre ensemble, on se rapproche les uns des autres. La confiance commence à s'installer. On ne perçoit plus les autres comme des dangers. C'est le début d'une prise de conscience de l'unité possible.
- ***L'étape de l'autonomie.*** Le groupe se sent mûr pour s'affirmer face à l'animateur qui symbolise l'autorité du père (que l'animateur soit homme ou femme puisque c'est un symbole). Cette affirmation pourra se faire grâce au groupe qui symbolise l'amour, le désir fusionnel de s'entendre pour travailler ensemble. Ainsi avec la conjugaison du meurtre du père (égalité des membres face à l'autorité) et du mariage avec la mère (égalité des membres face à l'amour), l'autonomie du groupe se réalise par le dialogue, par la compréhension. C'est à partir de ce moment que l'animateur pourra devenir non directif et travailler à égalité avec les autres membres dans la différence des fonctions.
- ***L'étape du partage du pouvoir.*** Cela se fera au travers des responsabilités réparties entre les membres du groupe. Cela n'a pu se faire avant car chacun considérait sa responsabilité comme un territoire clos. À présent, la solidarité des autres membres est ressentie. Les objectifs sont redéfinis. Le territoire de chacun est reprécisé où la collaboration des autres peut être demandée.
- ***L'étape de la cohésion.*** Le groupe acquiert une conscience collective tant de ses richesses internes à partager que des problèmes externes à prendre en charge. L'efficacité du groupe arrivé à maturité est décuplée si la participation de chacun est utilisée en permanence, sans avoir peur que l'autre nous écrase ou monopolise le pouvoir.

1. *Un groupe vivant* **évolue** *en permanence.*
2. *Il* **s'enrichit** *des expériences de chacun et des expériences collectives réalisées.*
3. *Chaque étape peut* **varier** *dans la durée d'un groupe à l'autre.*
4. *La phase charnière c'est celle de* **l'œdipe** *qui fait accéder le groupe à l'autonomie.*

L'innovation (apporter du nouveau, du changement)

• ***La résistance au changement.*** C'est une disposition d'esprit qui redoute la nouveauté.

- Chez les personnes, la résistance au changement, provient de plusieurs sources :

* l'insécurité ressentie : on sait ce qu'on a, on ne sait pas ce qu'on aura,
* le poids des habitudes fait devenir conformiste,
* le poids des valeurs anciennes comme l'obéissance, l'adaptation,
* la peur de ne pas être capable de se situer dans le changement,
* l'habitude d'être toujours un subordonné sans initiative,

- Au niveau collectif du groupe d'autres causes s'ajoutent :

* les schémas culturels dans lesquels on a été élevé,
* la pesanteur des structures pyramidales qui a tué l'imagination,
* les normes élaborées par des institutions qui emprisonnent,
* le matraquage des médias qui imposent la pensée unique,
* le schéma élite/peuple qui développe des complexes d'infériorité ou de supériorité.

• ***La dynamique du changement*** pour surmonter ces obstacles

- Chaque personne accède à l'autonomie et à la socialisation.
- Répartir les responsabilités pour que chacun en ait une,
- Utiliser les différences comme sources d'enrichissement.
- Faire s'exprimer les nouveaux, pas encore déformés par les habitudes.
- Avoir le droit à l'erreur pour pouvoir expérimenter.
- Accepter de s'affronter pour rechercher l'unité dans la différence.
- Développer la participation et la collaboration des membres entre eux.
- Apprendre à utiliser les décisions unanimes non uniformes.

• ***Les conditions qui faciliteront l'innovation***

- Acceptation par tous de la nécessité de l'innovation.
- On invente des outils, on les utilise sur des organisations anciennes.
- Quitter la logique du territoire clos pour des territoires ouverts.
- Miser sur le regroupement non sur la division.
- Remplacer la compétition par la coopération.
- Toujours donner la priorité à la personne dans les décisions.
- Par la responsabilité personnelle accéder aux responsabilités collectives.
- Concevoir en partenariat nos relations aux autres organisations.

1. *L'innovation est toujours possible si on utilise les capacités* **créatrices de chacun**.
2. *Mettre au point des* **structures** *qui favorisent l'innovation.*
3. *Faire évoluer nos* **mentalités** *pour accepter le changement comme expression de la vie.*
4. *C'est par l'innovation que l'on continue la* **création.**

Les décisions

• ***Tout acte humain passe par une décision***

Pendant trop longtemps, les décisions étaient réservées à une minorité, à une élite. L'idéologie dominante affirmait comme un phénomène naturel que la plupart des gens étaient incapables de décider. C'est une affirmation erronée due à un manque d'observation. Chaque jour, chaque personne est conduite à prendre une multitude de décisions puisque tout acte humain est le résultat d'une décision : acheter des vêtements, décorer son appartement, choisir un moyen de transport, préparer ses repas, etc. Autre affirmation erronée : seule une élite formée est capable de décider. Chacun de nous n'en finirait pas de citer des décisions prises qui se sont avérées très coûteuses pour la collectivité tant dans les entreprises, dans les associations, que par de hauts responsables politiques. Personne n'a le monopole de la capacité de décision. Tout le monde sans exception doit apprendre à décider.

• ***Quelques règles préparatoires au travail de décision de groupe***

- Au cours d'une réunion les participants s'aperçoivent que leurs impressions sont loin de concorder. Tous ces différents éléments participent à l'élaboration de la décision finale, à condition d'avoir prévu le temps nécessaire pour arriver à un accord.
- La force des différences est déterminante. Les groupes composés de personnes ayant l'habitude de travailler ensemble sont plus efficaces car, au lieu de faire de la différence une source de conflits, ils en font une source d'enrichissement.
- Les divergences d'opinion, au lieu d'être ressenties comme une menace, sont considérées comme des moyens d'amorcer la discussion et d'élargir l'éventail des solutions possibles. Les désaccords ne sont pas interprétés comme des signes d'hostilité dirigés contre l'intégrité du groupe.
- En présence d'un fort conflit interne, les groupes organisés ont tendance à renoncer aux ressources préexistantes et à opter pour des solutions originales, différentes de toutes celles proposées individuellement par les participants. Généralement les solutions originales, comparées aux solutions individuelles, tendent à être les plus riches. Ces solutions originales sont généralement créatives.
- On peut, par la formation, apprendre à un groupe à accroître son efficacité. Les groupes entraînés obtiennent des résultats supérieurs aux résultats individuels des meilleurs de leurs membres. On appelle **synergie** cette faculté du groupe à surpasser la meilleure de ses ressources individuelles.
- Les groupes les plus efficaces sont ceux dont tous les membres sont concernés et écoutés. En revanche, les groupes les moins efficaces tendent à faire usage de solutions toutes faites telles que la loi de la majorité, le vote, les moyens termes, les compromis. Les participants s'inquiétant, hélas ! plus de prendre une décision que de la nature de la décision elle-même.

1. *La décision est un* **acte central,** *c'est l'âme de la participation.*
2. *La décision est plus pertinente quand elle est la* **synthèse** *de points de vue différents.*
3. *Savoir utiliser les différences comme facteurs de* **créativité.**
4. *La* **formation** *accentue l'efficacité.*

Le processus de décision

1. Comprendre le problème. La décision arrive au terme d'une analyse qui a permis de cerner les différents aspects d'une situation avec la synthèse des « Je ». L'analyse se fait grâce au plan.

2. Préciser l'objectif. En se rappelant sa double dimension : objectif pratique matériel pour régler le problème ; objectif de personnalisation permis grâce à la participation de tous à la réalisation.

3. Choisir une procédure. 1. Choisir les critères. 2. Expression de chaque personne. 3. Utilisation de l'information. 4. Argumentation. 5. Affrontement. 6. Synthèse. 7. Décision.

4. Choisir des critères pour la décision. Un critère c'est une notion de base pour déterminer les choix. Il sert de guide pour décider. Par exemple, pour acheter une voiture, quel sera le critère déterminant : le prix, la couleur, la vitesse, la mode, l'esthétique, la solidité, la marque, etc.

5. Expression de chaque personne. Si chacun a préparé sa réunion, la rencontre consistera à mettre en commun ces préparations, ces analyses, ces propositions.

6. Utiliser l'information. L'expression de chacun s'appréciera sur l'apport d'informations recueillies et traitées au préalable. Cette information sera d'origines diverses : faits de vie, expériences réalisées, réactions recueillies, etc.

7. Argumentation. Pour cela on peut aussi utiliser une procédure : 1. Rassembler les données. 2. Affirmer ses convictions. 3. Appuis pour les démontrer. 4. Prévoir les réfutations. 5. Préparer ses renforts en contre-argumentation. 6. Faire une proposition qui découle des arguments.

8. Affrontement. Mettre en présence les différences, faire ressortir les thèses et les antithèses. Que chacun ait le temps pour son argumentation et fasse l'effort de comprendre la position adverse.

9. Synthèse. Faire ressortir les points communs à la thèse et à l'antithèse, faire apparaître les différences ct les points divergents. Ces derniers existent, il faut apprendre à vivre avec eux.

10. Décision. Dans de nombreux cas elle sera unanime et uniforme. Dans d'autres cas, prendre des décisions unanimes (tous d'accord) non uniformes (faire des choses différentes).

> 1. *Avoir un* ***processus*** *de décision facilite le travail du groupe.*
> 2. *Le* ***respecter*** *fait gagner du temps.*
> 3. *Si le processus est* ***élaboré*** *par les membres il sera plus facilement respecté.*
> 4. *Décider nécessite souvent un* ***apprentissage*** *et avec l'expérience, on progresse plus rapidement.*

Les décisions unanimes non uniformes (DUNU)

• ***Les conditions préalables.*** Elles sont au nombre de *trois*.

- *Qu'il y ait accord sur l'objectif*. La divergence venant des moyens pour l'atteindre, c'est une base nécessaire pour conserver l'unité du groupe.
- *Que la DUNU soit enrichissante pour les parties en présence* et permette l'expérimentation de nouvelles approches sans gêner l'unité du groupe.
- *Que l'on se rencontre régulièrement pour confronter les pratiques*. Ainsi, au lieu de se battre sur des idées, on analyse les richesses des pratiques différentes.

• ***Décisions unanimes.*** Démarche ayant l'accord de tous les membres.

- *Ne pas confondre unanimité et uniformité*. L'uniformité existe quand tous les membres du groupe font la même chose. L'unanimité accepte les différences.
- *L'égalité des partenaires* peut être préservée si l'on assume les différences comme moyen d'enrichissement mutuel.
- *L'unité n'est pas l'uniformité*. L'unité se réalise en utilisant les spécialisations différentes. On peut donc être unanime pour accepter des pratiques différentes.

• ***Non uniformes***, qui respectent le désir d'expérimentation des membres.

- *Clarifier les propositions* tant de la thèse que de l'antithèse en leur permettant de préciser clairement leurs propositions argumentées.
- *Permettre l'expérimentation* de la thèse comme de l'antithèse. Car débattre sur des idées ne fait rien avancer, au contraire.
- *La synthèse*. Chacun décrira les actions conduites et on verra concrètement les résultats. On peut donc expérimenter des pratiques différentes pour atteindre le même objectif.

• ***Affrontement des pratiques différentes***, régulièrement pour s'enrichir mutuellement.

- *Prenons le cas d'un club*. Il a 200 adhérents qui ont l'habitude d'organiser régulièrement des voyages. La décision est laborieuse pour être tous d'accord pour le même itinéraire, alors qu'il y a plusieurs suggestions. Un critère de décision pourrait être l'unité économique d'un car de 50 places. Cela fait 4 directions différentes possibles pour satisfaire les goûts éclectiques des personnes. Si elles se retrouvent régulièrement pour que chaque groupe de 50 fasse un compte rendu de son voyage, cela fait découvrir aux autres d'autres formes de voyage. Cela consolide en outre l'unité du club qui se retrouve plus souvent pour échanger sur les différentes approches du voyage : voyage culturel, visite de sites, longue distance, etc.

> 1. *La décision DUNU est une* **innovation** *enrichissante pour les personnes et les groupes.*
> 2. *Elle nécessite d'avoir une vision de* **l'unité** *dans la diversité.*
> 3. *Elle exige des rencontres sur les* **pratiques.**
> 4. *Elle permet de s'enrichir grâce à la* **différence.**

L'organisation de l'action

1. Les objectifs. Au cours de l'analyse, avec la méthode Voir-Juger-Agir appliquée à chaque point du plan de la réunion, il suffit de rassembler tous les agirs de chaque ligne du plan pour avoir l'ensemble d'actions à engager pour résoudre le problème.

2. Les priorités. Comme on ne pourra conduire toutes les actions proposées en même temps, il faudra les mettre dans un ordre pour les prendre en charge. L'ordre des priorités dépendra de l'importance ou de l'urgence du problème. En cas d'hésitation, commencer toujours par la plus facile.

3. Les responsabilités. Chacune des tâches à réaliser ne peut être prise en charge par l'animateur seul ou un petit groupe de personnes. Il est préférable, pour favoriser la participation, de répartir les tâches entre tous les membres du groupe. Le partage du travail à faire facilitera sa réalisation.

4. Échéances. Pour éviter les chevauchements, il est indispensable que chaque responsable sache à quel moment il doit démarrer son travail et sa durée approximative pour connaître la date de fin de son opération. Cela permet ainsi de pouvoir réaliser un planning des actions pour que chacun se situe.

5. Moyens. Toute action nécessite l'emploi de moyens : moyens pratiques (locaux, papier, ordinateur), moyens techniques (réunions, contacts, documentation), moyens humains (animateur, spécialistes, personnes compétentes, etc.), sans oublier les moyens financiers.

6. Finances. Une action a toujours un coût. L'oublier c'est être inefficace. Une enveloppe budgétaire sera mise à la disposition de chaque responsable. Ce sera un excellent apprentissage de la gestion financière. C'est là que le trésorier élargit sa fonction à la formation des responsables.

7. Bilan. Prévoir à quel moment, comment et par qui se fera le bilan de l'action. En cours de route, pour rectifier le tir en cas d'imprévu, à la fin pour prendre les décisions correctives si l'écart entre objectifs et réalisation est important.

- ***Des choix à faire.*** Une fois que l'action est organisée, il s'agit de décider ce que l'on fait :

- Soit on limite les actions aux moyens dont on dispose : finances, matériel, personnes, etc. Dans ce cas les moyens limitent la fin.
- Soit on recherche les moyens pour réaliser les décisions prises. Cette attitude plus dynamique assujettit les moyens aux fins.

> 1. *Une décision non organisée risque de ne pas se* **réaliser.**
> 2. *Une procédure de travail* **aide** *toujours les personnes et les groupes dans leur action.*
> 3. *Une procédure doit comporter les éléments de* **participation.**
> 4. *Les moyens sont à la disposition des* **fins.**

Chapitre 6

S'approprier les techniques

Les techniques sont des outils de travail à la disposition des personnes et du groupe. Il convient de distinguer : les moyens ou outils pratiques ; les méthodes ou façons de s'en servir ; les procédures, ensembles d'étapes ou de consignes à suivre ; les démarches, ensembles susceptibles d'utiliser moyens, méthodes et procédures. Pour commencer notre caisse à outils voici quelques matériaux.

Les moyens

Les outils de l'information

Il devient nécessaire aujourd'hui d'utiliser couramment les outils de l'information et de la communication pour favoriser nos relations.

- ***L'ordinateur.*** C'est un outil présent partout, dans les entreprises, les écoles, les organisations diverses. Il traite de l'information, ce qui l'a mis à la disposition de tous, modifiant ainsi les réseaux de pouvoir.
- ***Le multimédia.*** Il rassemble dans un même outil (l'ordinateur) les capacités de traitement des différentes formes de média : l'écrit, l'oral, l'image, l'animation. Chacun peut l'utiliser à sa façon grâce aux liens hypertextes. Il peut ainsi aller d'un document à l'autre, d'un support (écrit) à un autre (vidéo). C'est une source irremplaçable pour accéder à l'information et construire ainsi ses savoirs pour continuer sa formation. Il est en outre possible d'établir des interrelations entre les différents supports afin de réaliser un document personnel que l'on peut éventuellement envoyer à d'autres part Internet.
- ***Internet.*** C'est un réseau de réseaux. Il permet une convivialité entre tous ceux qui sont équipés. Il est possible d'accéder à des milliers de centres ressources soit généralistes, soit spécialisés, grâce à des adresses de sites, ou à des moteurs de recherche.

- Il est possible d'échanger du courrier électronique en franchissant les frontières de façon instantanée, ce qui baisse les coûts de communication avec les destinations étrangères.
- On peut participer à des forums de discussion sur les sujets les plus divers et les plus variés. Certains résument les interventions, ce qui accroît notre masse d'informations.
- Nous servir de ces outils peut contribuer à infléchir leur utilisation dans un sens convivial contre ceux qui les monopolisent pour les rendre payants.

> 1. **Ouvrir** *notre champ culturel.*
> 2. **Échanger** *nos travaux avec ceux des autres.*
> 3. **Donner** *un accès libre à ce que nous avons réalisé.*
> 4. **Se perfectionner** *pour échanger davantage d'informations.*

Techniques

Lire plus vite

Chaque jour nous recevons une masse de documentation : écrits, journaux, livres, circulaires, convocations, pages d'écran d'ordinateur ou d'Internet. Il est utile, pour ne pas perdre une information importante, d'apprendre à lire rapidement.

• ***Se fixer un objectif : lire 350 mots par minute***

- Comptons le nombre de mots que nous lisons actuellement en une minute.
- Fixons-nous un objectif.
- Travaillons à réduire l'écart entre les deux.

• ***Adapter sa vitesse à ses besoins***

Tous les documents n'ont pas la même importance :

- Un roman policier peut être lu très vite : 400 mots par minute.
- Le journal nécessite de balayer l'ensemble des rubriques très vite. Puis on sélectionne les articles à lire et à étudier. Ce qui se fera à un rythme plus lent : 250 mots par minute.
- Les écrans d'ordinateur et d'Internet peuvent être balayés rapidement. Mais lire lentement le document important ou mieux encore faire une sortie papier pour le lire tranquillement.

• *Comment accroître sa vitesse de lecture*

- Connaître sa vitesse de lecture.
- S'entraîner à augmenter, non par des exercices fictifs mais en travaillant sur les documents quotidiens dont on a besoin.
- Se chronométrer deux fois par semaine en augmentant chaque fois sa vitesse de lecture de 10 mots par minute.
- Ne pas revenir en arrière si on n'a pas compris, la suite éclaire souvent le sens.
- Dégager, à partir des idées forces, des mots clés, la structure du texte et sa signification.
- Lire une ligne en 4/5 fois, puis en 3/4 fois, pour arriver à la lire en 2 fois, puis 1 fois (pour les journaux).
- S'aider d'une feuille que l'on met sur le texte et que l'on fait glisser à une vitesse de plus en plus grande.
- Avec l'habitude, nos yeux trouvent les mots clés, ce qui permet de lire 2 ou 3 lignes à la fois.

1. *La lecture sera toujours une* **nécessité** *avec des supports divers.*
2. *La lecture rapide favorise une* **maîtrise** *de notre information.*
3. **L'entraînement** *permet des progrès rapides.*
4. *La* **persévérance** *sur ce point est un exercice pour d'autres points.*

Présentation efficace d'un document

Essayons de réaliser des documents agréables à voir et faciles à lire.

• ***Des caractéristiques clairement définies***

- Un titre parlant qui donne envie de lire.
- Introduire des sous-titres fréquemment.
- Chaque sous-titre est la synthèse du développement qui suit.
- Faire des marges où l'on puisse annoter.
- Mettre des blancs pour aérer le texte. Faire des paragraphes courts.
- Les caractères de type bâton sont plus lisibles.
- La taille des caractères sera assez grosse pour lire facilement.
- Ne pas souligner mais jouer avec les gras et les italiques.

• ***Faciliter la lisibilité***

- Les lignes ne doivent pas être trop longues.
- La tête se fatigue à aller d'un bout à l'autre.
- Plusieurs colonnes facilitent la lecture d'une ligne.
- La lecture du journal nous a habitués à cette présentation.
- Faire des phrases courtes : 15 mots au maximum.
- Un sujet - un verbe - un complément.
- Éviter les mots difficiles ou trop longs. Utiliser le verbe au présent.
- Le verbe c'est l'action, le présent est mobilisation.
- Insérer, quand c'est possible, de petites illustrations.

• ***Rendre la présentation agréable***

- Un dessin vaut mieux qu'un long discours. Un graphique peut être plus parlant que le texte.
- Faire ressortir les titres et les sous-titres.
- En lisant les sous-titres on a la synthèse du texte.
- Tirer votre texte sur du papier de couleur.
- Les couleurs les plus lisibles sont les couleurs pastel chaudes.
- Les rapports de couleur texte : noir sur jaune, noir sur blanc, rouge et blanc, vert foncé et blanc.
- Mais le plus simple pour un document de travail c'est du papier blanc avec du texte écrit en noir.
- Veiller à la cohérence globale : support, texte, présentation.
- Faire critiquer ce que l'on à fait.

> 1. *Un document doit être* **facile** *à lire.*
> 2. *Il doit être* **agréable** *à regarder.*
> 3. *Donner* **envie** *de lire et non de jeter.*
> 4. *Faire appel à son imagination* **créatrice.**

Contenu possible d'un bilan

1. Formulation de la situation

- Difficultés rencontrées
- Nombre de personnes concernées

2. Orientation de l'action

- Finalité - Politique - Objectifs
- Objectif final - Objectifs intermédiaires

3. Activités prévues

- Nombre
- Déroulement
- Résultat

4. Responsabilités

- Réparties à chaque personne (participation)
- Relations entre elles (coopération)
- Définition de fonction

5. Outils utilisés

- Moyens
- Méthode
- Procédure

6. Fonctionnement

- Circulation de l'information
- Débats

7. Fonctions collectives

- Orientation - Animation
- Gestion - Administration

8. Relations externes

- Avec les organisations de même nature
- Avec les organisations de nature différente

9. Financement

- Part de rentabilité
- Part de dépendance

10. Propositions d'amélioration

- De l'existant - Innovation - Création

> *1. Un bilan est toujours* **nécessaire.**
>
> *2. Il mesure* **l'écart** *objectifs/réalisation.*
>
> *3. Il concerne* **toutes les personnes** *du groupe.*
>
> *4. Il permet de prendre les* **décisions correctives nécessaires.**

Les méthodes

Nouvelles technologies et vie de groupe

Prendre conscience. Nous avons à notre disposition des outils merveilleux. L'ennui c'est qu'ils font encore peur à un grand nombre de personnes qui ont des responsabilités. Il faut se dire deux choses : 1. Nos enfants et petits-enfants entrent de plain-pied dans l'utilisation de ces nouveaux outils. Nous risquons de créer une coupure avec eux si nous ne savons pas nous en servir. 2. Nous pouvons donner un sens à ces nouvelles technologies. Pour cela il faut apprendre à nous servir de ces outils, mais surtout, ce qui est le plus important, savoir quel type d'informations nous allons faire circuler et pour quoi faire.

Comment se servir de ces outils

1. Se former. Il est important de se former à la maîtrise du matériel : ordinateur, périphériques, réseau ; à la maîtrise des logiciels. On utilise souvent à peine la moitié des possibilités d'un logiciel. Se former à l'utilisation courante des réseaux pour savoir s'en servir et les utiliser au service des personnes et des groupes. Pour apprendre à conduire une voiture, on a suivi des leçons de conduite. Ce ne sera pas plus long pour la téléinformatique et le multimédia.

2. Maîtriser l'information. L'important ce ne sont pas les tuyaux mais ce qui passe à l'intérieur. Chaque organisation a des statuts qui précisent ses objectifs. Toute l'information qui contribuera à faire progresser les objectifs sera nécessaire. Information pour faire fonctionner les groupes. Pour une association familiale, un comité de parents d'élèves tout ce qui concerne la famille ou l'éducation. Mais aussi tout ce qui facilite la vie : planning, budget, projet permettant à toute personne d'avoir accès à ces informations pour les utiliser judicieusement.

3. Développer la citoyenneté. Outils, formation, informations sont au service d'une fin : permettre aux citoyens de prendre en charge leur vie personnelle et leur vie sociale. Le groupe peut être ce lieu d'apprentissage. La formation de tous et l'utilisation courante permettent aux membres du groupe de participer activement à la vie de l'organisation. En apprenant à utiliser les informations à leur disposition et surtout à les alimenter, en introduisant les informations qu'ils possèdent, une vie plus conviviale, plus démocratique s'instaure.

Ces outils permettent la déhiérarchisation des relations. Par l'accès de tous aux informations, ils facilitent la participation aux décisions. En utilisant des informations et en ajoutant les leurs, les participants font l'apprentissage du partage et de la convivialité.

1. *La vie associative, d'entreprise ou ecclésiale, etc. pourrait apprendre à utiliser ces outils* **couramment.**
2. *C'est important pour ne pas en laisser le* **monopole** *à ceux qui veulent seulement en tirer profit.*
3. *Ces outils sont comme la langue d'Ésope la pire ou la meilleure des choses, c'est à nous de* **choisir** *leur utilisation.*
4. *Toute personne peut* **apprendre** *à se servir de ces moyens avec une méthode d'apprentissage.*

Faire un travail de recherche et de réflexion

C'est une méthode de travail en équipe nourrie par le travail de chacun des membres. Trois critères de choix seront retenus. 1. Des personnes conscientes d'être concernées par la situation. 2. Ayant le désir de participer activement. 3. Le nombre de personnes composant l'équipe sera réduit (5 à 10 personnes maximum) si l'on souhaite que chaque personne puisse s'exprimer.

Répartition des tâches. Pour partager les tâches, trois démarches préliminaires sont à faire. 1. Préciser l'objectif à atteindre et les raisons de ce choix en fonction de l'urgence ou de l'importance de la difficulté. 2. Faire un plan de travail qui détermine le champ de l'étude à faire. 3. Organiser l'action pour répartir les responsabilités entre chaque membre.

Méthode de travail à appliquer par chaque personne du groupe.

1. Rassembler la documentation sur le thème que l'on a en charge. Sur le plan théorique : articles de presse, revues spécialisées, ouvrages particuliers, appels sur Internet, etc. Sur le plan pratique : rassembler des faits personnels, des faits apportés par d'autres personnes concernées, des faits venant de l'extérieur du groupe, etc. Ainsi peut-on distinguer faits et opinions.

2. Travailler la documentation. Rassembler les données recueillies, les organiser en distinguant les idées principales des idées secondaires, de façon à avoir un plan cohérent qui cerne l'ensemble du problème. Une fois le plan réalisé, repérer les manques et rechercher l'information nécessaire pour les combler, soit en faisant appel à un centre ressource, soit en faisant appel à son expérience ou à celle des autres.

3. Rédiger des fiches de travail. Chaque personne rédige des fiches de travail sur le point particulier qu'elle avait en charge. Elle communique ses fiches aux autres membres de l'équipe pour qu'ils réfléchissent au problème dont on a clarifié les éléments. Chaque membre réagit en rédigeant soit des compléments venant de son expérience, soit des propositions de solutions.

4. Synthèse des propositions et des réactions rassemblées par l'animateur du groupe. Il dégage les points de convergence des points de divergence. Il fait apparaître les différences qui seront alors débattues par l'équipe pour qu'elles rejoignent soit les convergences, soit les divergences.

5. Débat en équipe. L'objet en est multiple. 1. Établir les liaisons entre ce problème et d'autres problèmes. 2. Approfondir en quoi chacun des membres ou la population sont concernés. 3. Dégager des propositions de changement qui seront les matériaux de base des décisions.

6. Décider des problèmes retenus pour préparer des actions de changement. Comme c'est une démarche de recherche, chaque proposition sera argumentée pour aider les personnes à comprendre le sens de l'action.

1. ***La recherche*** *est une démarche importante dans la vie des groupes.*
2. *Elle permet d'utiliser le* **potentiel** *d'observation et d'analyse des membres du groupe.*
3. *Elle est une étape importante de la* **participation** *active des membres.*
4. *Elle est* **mobilisatrice** *des énergies créatrices pour trouver des solutions innovantes.*

Mise en place d'un centre ressource

La raison d'être d'un centre ressource

- Le centre ressource met à la disposition de chaque membre du groupe, de l'organisation et de la population, une masse d'informations facilitant l'analyse et la décision.

- ***Un outil favorisant la participation.*** Il permet à chaque personne d'avoir accès aux informations nécessaires à sa responsabilité, tout en apportant ses propres informations,
- ***Un outil favorisant l'apprentissage de l'action.*** Le partage de l'information permet de faire évoluer les personnes en les mettant en situation active. Cela développe l'implication des personnes.
- ***Un outil diversifié.*** Le centre ressource est ouvert à toutes les formes d'information, tant par le support que par le contenu. Rien ne lui est étranger : écrit. oral, visuel, animation et l'accès à Internet.

Les étapes de la création d'un centre ressource

1. ***Étudier*** l'environnement, les objectifs du groupe, de l'organisation ou de l'institution. Analyse des besoins des personnes, des groupes. Prise en compte de leurs situations.

2. ***Préciser*** quels sont la finalité, les politiques, les objectifs de l'organisation, pour situer les finalités, politiques, objectifs du centre ressource, après consultation de l'ensemble des personnes.

3. ***Fixer*** les caractéristiques des personnes susceptibles d'utiliser le C.R. : adhérents, militants, responsables, population, afin de déterminer le classement des matériaux.

4. ***Faire l'inventaire*** des informations nécessaires pour répondre aux besoins des différents niveaux des personnes utilisatrices du C.R. : informations quantitatives, qualitatives,

5. ***Choisir*** un système d'accès, pour canaliser quand il y a abondance de demandes et pénurie de documents ; choisir un mode de fonctionnement qui favorise l'accès à l'autonomie.

6. ***Sélectionner*** les moyens nécessaires au fonctionnement du centre ressource :
- matériels : locaux, équipements, documents multimédias, finances, etc.
- humains : concepteur, réalisateur, utilisateurs, gestionnaires, etc.

7. ***Organiser*** le centre ressource : choix du lieu, surface nécessaire, disposition de l'information, facilité d'accès pour l'usager, commodité d'utilisation et de classement, simplicité du travail.

8. ***Réaliser*** la mise en place et le fonctionnement du centre ressource, en choisissant les personnes compétentes sur le plan technique et disponible sur le plan humain.

9. ***Bilan*** du fonctionnement du centre pour repérer les satisfactions comme les dysfonctionnements, afin de renforcer ce qui est utile et de remédier aux imperfections en fonction de leur nature.

> 1. *Un centre ressource est un* **outil indispensable** *pour la vie des groupes.*
> 2. *L'accès à l'information est un élément fondamental pour la prise de* **décision** *individuelle et collective.*
> 3. *L'information doit être la plus* **diversifiée** *possible.*
> 4. *Veiller à la* **facilité** *d'accès, d'utilisation et d'enrichissement du centre ressource.*

Apprendre à gérer son temps

1. Acquérir des outils : grille horaire, agenda, calendrier, planning pour accomplir ce qu'il faut quand il faut.

2. Planifier nos objectifs. Pour rester maître de notre travail et de nos actes, il convient d'énumérer ce que nous avons à faire et de classer par ordre d'urgence ou d'importance.

3. Se fixer des étapes. Comme nous ne pouvons tout faire à la fois, il est nécessaire de se préciser des étapes pour réaliser nos objectifs dans un ordre progressif.

4. S'assigner des délais. Chaque étape devra avoir une date précise de commencement et de fin pour que l'ensemble s'emboîte avec cohérence et efficacité.

5. Organiser son temps. Il est nécessaire de prévoir les périodes pour préciser objectifs, étapes et délais. De préférence une fois par semaine, soit pour élaborer, soit pour contrôler ce qui a été fait.

6. Varier les activités. Certaines tâches sont urgentes à réaliser, d'autres sont importantes. Il faut savoir les doser pour les organiser. Sans oublier que le temps réparti devra être très ample car il y a souvent des imprévus.

7. Gérer la complexité de la vie en prévoyant les tâches à faire, les temps de détente et le placement des imprévus dans le temps laissé disponible, afin de ne pas être pris au dépourvu.

8. Pas de perfectionnisme, mais de la rigueur. Certaines personnes ne sont jamais satisfaites. Cela déclenche de l'anxiété, ce qui ne nous rend pas apte à réaliser nos prévisions.

9. Avoir de l'ordre. Le classique « une place pour chaque chose et chaque chose à sa place » nous aidera grandement car cela évite beaucoup de pertes de temps.

10. Savoir dire non. Quand on est disponible et à l'écoute des problèmes des autres, certains seront tentés d'en abuser. À nous de discerner si cela est important. Parfois, il faut savoir dire non.

La gestion du temps est une démarche qui nous libère et nous aide à assumer nos responsabilités.

> 1. *Le temps est* **précieux** *et ne peut être gaspillé.*
> 2. *Savoir* **repérer** *toutes les tâches à réaliser.*
> 3. **Organiser** *l'ensemble pour que tout se fasse en son temps.*
> 4. *Rester* **disponible** *à l'imprévu sans en être prisonnier.*

Les procédures

Comment établir une procédure

Une procédure est d'autant mieux suivie que les personnes concernées ont participé à son élaboration. Voici une méthode pour élaborer une procédure. C'est une démarche dont le contenu variera avec l'objectif auquel s'appliquera la procédure.

Les étapes d'élaboration d'une procédure

*1. **Préciser l'objet de la procédure :*** réunions de décision, d'information, de négociation lors d'un conflit, fiche d'orientation, code de déontologie, etc.

*2. **Proposition*** réalisée par la personne responsable de l'objet. C'est, *a priori*, la personne la plus compétente, connaissant le problème et donc susceptible d'en maîtriser les éléments.

*3. **Communication*** de la proposition à l'équipe concernée, pour interpeller, pour susciter des réactions en fonction de l'expérience des personnes et des opinions de chacun sur le problème.

*4. **Contre-propositions écrites*** des membres du groupe qui argumentent les modifications qu'ils proposent. Ils distinguent, si possible, leurs opinions, fondées sur leurs convictions, sur des faits.

*5. **Synthèse écrite par la personne responsable.*** Elle fait ressortir les points de convergence, c'est un point acquis donc pas besoin d'en débattre, les points de différence dont il faudra débattre pour qu'ils rejoignent les points convergants ou les points divergants. Les divergences se négocient.

*6. **Affrontement dans l'équipe.*** À partir de la synthèse écrite, on débattra rapidement des points différents. On s'expliquera sur les divergences pour arriver à un accord.

*7. **Décision collective.*** Une fois les points d'accord rappelés, il faudra préciser les modalités d'application et la répartition des tâches pour obtenir une procédure claire sur l'objet choisi.

*8. **Application.*** On passe de la théorie à la pratique. En accumulant une expérience, on peut vérifier régulièrement si la procédure mise au point fonctionne correctement. Sinon l'améliorer.

> *1. Une procédure* **facilite** *toujours le travail d'un groupe.*
>
> *2. Elle fait* **gagner** *du temps.*
>
> *3. Elle vise à* **l'efficacité** *du travail.*
>
> *4. Ne jamais oublier le* **sens** *qui est inclus dans la démarche.*

Procédure pour développer la participation

Les personnes aujourd'hui aspirent à s'exprimer dans tous les domaines qui les concernent. Elles veulent prendre en charge leur vie. Elles se sentent capables de participer activement à la vie de la cité.

1. Participation à la perception des problèmes. C'est par la perception que nous organisons nos sensations pour prendre connaissance des situations. Cette perception est faite de notre sensibilité qui, par l'intermédiaire de nos sens, nous fait découvrir les phénomènes.

2. Participation à l'information. À partir de cette perception nous allons procéder à un rassemblement d'informations : nombre de difficultés, ampleur des problèmes, les domaines qui sont reliés, nombre de personnes concernées.

3. Participation à la réflexion. Une fois cette information organisée et traitée, nous avons des matériaux pour réfléchir à ce qu'il conviendrait de faire. Nous passons des faits (information) aux opinions (pensée sur ces faits) pour que chacun acquière une pensée personnelle.

4. Participation à la prévision. Cette réflexion étant faite, il devient possible de prévoir en faisant des hypothèses d'action. Une hypothèse c'est le point de départ d'une démonstration à partir de laquelle on se propose d'aboutir à un résultat. Une prévision c'est l'action de voir d'avance.

5. Participation à l'action d'un projet. La prévision, l'hypothèse pour être réalisées ont besoin d'être transformées en élaboration d'un projet pour passer à l'expérimentation.

6. Participation à la planification du projet. Le projet étant devenu la volonté collective de créer et de contrôler les créations communes, il devient indispensable d'organiser une démarche qui prenne en compte les objectifs prévus et les situe dans une progression, un itinéraire.

7. Participation à la décision finale. Toutes ces étapes ont été jalonnées de décisions pour choisir les situations, une hypothèse, des moyens, etc. À présent il s'agit de mettre en cohérence toutes ces décisions pour organiser l'action. C'est la phase politique qui donne sens et cohérence.

8. Participation à l'action. Cela ne pose jamais de problème, car on a toujours demandé aux personnes d'exécuter des ordres. Nous avons inversé le problème : par la participation, chaque personne s'est exprimée à chaque étape. Le passage à l'action ne pose pas de problème.

> 1. *La* **participation** *est la seule démarche motivante.*
> 2. *À tous les niveaux, les personnes se sentent* **considérées.**
> 3. *Chacun apporte son* **expérience,** *sa réflexion.*
> 4. *On obtient une* **cohésion** *très forte du groupe.*

Procédure de résolution de problèmes

Voici un exemple de procédure à utiliser pour résoudre une situation délicate ou importante.

1. Percevoir le problème. La nature du problème : malaise, besoin, insatisfaction, blocage, conflit, etc. L'importance de la difficulté : latente, larvée, importante, etc. l'accessibilité du problème : facilement perceptible par tous, par une minorité, par une personne, difficilement maîtrisable.

2. Diagnostic. Formuler le problème consiste à le mettre par écrit. Rédiger en une ou deux phrases concises aide le groupe à avoir des idées claires pour se mettre d'accord sur la façon de l'aborder. Éviter de poser une solution « il faudrait ». Compléter la formulation en indiquant l'objectif.

3. Analyser la situation. Rechercher les causes, leur origine proche ou lointaine. Étudier les conséquences sur les personnes, sur le groupe, sur l'environnement, sur les objectifs. Percevoir les contradictions de façon à les utiliser comme moteurs du changement nécessaire.

4. Rechercher des solutions. Résoudre un problème c'est mettre en relation l'ensemble des causes et l'ensemble des solutions pour dégager celles qui sont les plus pertinentes. À tout problème technique, il y a une solution technique. À un problème humain, c'est plus difficile.

5. Fixer les objectifs. Chaque solution répond à un besoin de changement qui a besoin d'un sens. Il lui sera donné par des objectifs en se rappelant qu'ils comportent 1. l'action préconisée, 2. les personnes et groupes concernés, 3. les changements à opérer, 4. les délais à respecter.

6. Planifier. C'est organiser les étapes de réalisation en prévoyant : 1. les objectifs, 2. les priorités, 3. les responsabilités, 4. les échéances, 5. les moyens, 6. les finances, 7. le contrôle. De cette façon on maîtrise l'ensemble du processus de résolution du problème dans une direction donnée.

7. Mettre en œuvre. C'est passer à l'action en appliquant les décisions en fonction des objectifs planifiés. C'est coordonner les actions des différents partenaires. C'est réguler la réalisation pour qu'elle se fasse en fonction des prévisions. C'est communiquer en permanence dans l'action.

8. Faire un bilan. Prendre l'habitude de toujours prévoir *deux temps :*

- en cours d'action, pour éviter les dérives et prendre en charge les imprévus ;
- à la fin de l'action, pour prendre les décisions correctives nécessaires.

> *1. Dans la vie il y a* **toujours** *des problèmes.*
>
> *2. Au lieu de les fuir, les* **prendre en main.**
>
> *3. On peut s'aider d'une* **procédure** *pour les résoudre.*
>
> *4. À condition de toujours respecter le* **sens** *que l'on a donné à ses actes.*

Procédure d'amélioration des outils

Nous utilisons consciemment ou inconsciemment de nombreux outils, moyens, méthodes, procédures, démarches. Il serait souhaitable, compte tenu de notre expérience, d'améliorer les outils existants, voire d'en créer de nouveaux correspondant mieux aux situations présentes.

1. Reproduction. Un artiste, avant de trouver son style personnel, reproduit pendant une certaine période le travail réalisé par les grands maîtres. L'objectif c'est d'arriver à une maîtrise technique de son art. En utilisant cette démarche à l'égard de plusieurs artistes, en évitant d'être prisonnier de la technique d'un seul. C'est une démarche d'apprentissage incontournable.

2. Conscientisation. Ce passage se fait par la prise de conscience que l'on ne fait rien d'original. Notre conscience passe par des phases successives : conscience subjective (pressentiment), conscience objective (percevoir la reproduction), conscience éclairée (je suis capable d'apporter des améliorations), conscience libérée (je peux réaliser des changements).

3. Appropriation. Après s'être approprié la technique de ceux considérés comme les meilleurs, j'arrive à une maîtrise des outils qui est libératoire. Je peux à présent percevoir tous les éléments de cette maîtrise : comprendre le contenu et l'utilité de chaque outil, comprendre les raisons des différentes étapes du travail à réaliser, comprendre les liaisons entre les outils et la démarche, etc.

4. Création. nous arrivons à l'étape de libération des contraintes. Nous pouvons à présent améliorer ou créer.

1. Maîtrise des techniques des autres.
2. Conscience libérée.
3. Désir de création, de changement.
4. Gestation, mûrissement des idées nouvelles.
5. Identification en s'incorporant dans la nouvelle idée.
6. Illumination qui déclenche la perception totale de la nouvelle idée.
7. Rationalisation pour réaliser un ensemble cohérent.
8. Expérimentation pour vérifier la faisabilité.
9. Rectification nécessaire pour affiner.
10. Utilisation courante du nouvel outil.

Avec cette démarche, nos ressources de créativité sont toujours en éveil.

> 1. *Toute personne a des capacités* **créatives.**
> 2. *Ces capacités s'appliquent dans la* **vie quotidienne.**
> 3. *Nécessité pour cela d'avoir des* **structures** *permissives.*
> 4. *S'habituer à* **accueillir** *toutes les propositions d'innovation que peuvent faire les personnes.*

Les démarches

Démarche pour développer toutes nos potentialités

1. S'accepter tel que l'on est. Prendre conscience de nos aptitudes (inné), de nos capacités (acquis), de nos virtualités (potentiel en sommeil) de façon à nous accepter tel que nous sommes, à accepter les autres tels qu'ils sont.

2. Canaliser nos sentiments. Ils nous aident dans toute notre vie intellectuelle, affective, morale. Ils sont à l'origine de nos passions comme moteurs de nos désirs qui nous conduisent à agir.

3. Exercer notre intelligence. La vivacité d'esprit, l'attention, la perception sont des éléments qui alimentent notre raison, pour apporter notre contribution au changement social.

4. Acquérir une pensée personnelle. Nous avons pour cela à mettre en relation nos raisons et nos passions. Leur mouvement dialectique nous permettra de nous forger un mode de pensée.

5. S'organiser. Devant la masse de choses à faire, les réaliser au coup par coup, c'est être inefficace. Apprendre à planifier permet d'acquérir une maîtrise de tous les éléments de notre vie.

6. Établir un projet. Il nous permettra de mettre en actes nos désirs. C'est par le projet que l'on oriente le changement.

7. Se donner les moyens d'être efficace. À la base trois éléments complémentaires seront nécessaires : 1. rassembler de l'information, 2. organiser une documentation (centre ressource personnel), 3. se former en permanence sur les domaines que nous devons maîtriser.

8. Maîtriser Internet. Posséder un ordinateur multimédia, acquérir les supports d'information et de formation et passer à une attitude de création d'outils multimédias.

9. Élaborer une stratégie. Réaliser un itinéraire qui, après analyse et prise de conscience de notre situation, permette de réaliser notre projet.

10. Partager. Étant des êtres de relations, nous ne vivons pas chacun seul sur une île. Nous pouvons partager nos acquis avec les autres. En retour, les autres pourront faire de même.

> 1. *Étant des êtres vivants, nous pouvons nous enrichir en* **permanence.**
> 2. *Cet enrichissement doit résulter d'un* **choix.**
> 3. *Ce choix sera situé par rapport à un* **sens** *que nous aurons déterminé.*
> 4. *En ayant une vision* **globale** *nous ne risquons pas d'oublier des choses essentielles.*

Démarche pour améliorer nos relations

1. Des ruptures à faire. Trop souvent encore :

- l'animateur éduque	- les participants sont éduqués
- l'animateur sait	- les participants ne savent pas
- l'animateur pense	- les participants ne pensent pas
- l'animateur décide	- les participants obéissent.

Préparons les ruptures pour des relations sur des bases de dialogue, de participation.

2. Personne ne libère autrui, personne ne se libère seul. Les personnes se libèrent ensemble. La conscientisation, la réflexion et l'action sont nécessaires. La conscience libère, la réflexion donne du sens et l'action est continuation de la création du monde. L'action doit être conduite avec toutes les personnes conscientes d'être concernées et vise à conscientiser le milieu.

3. Personne n'éduque autrui, personne ne s'éduque seul. Les personnes s'éduquent ensemble, Cela nécessite de dépasser les contradictions existant entre l'éducateur et l'éduqué, entre l'animateur et les participants, entre les adultes et les enfants, etc. qui sont souvent des relations de dépendance. C'est grâce au dialogue que se rétablit l'égalité dans la différence.

4. La personne est un être en devenir, consciente de ses imperfections, qui fournit un effort permanent en vue d'un plus être. L'être se réalise pleinement en se situant dans le devenir, dans la durée, grâce au mouvement dialectique : permanence (= palier), changement (= recréation). Ainsi se brise l'immobilisme dans un mouvement de réalisation d'un projet individuel et collectif.

5. Le dialogue, essence de la relation comme pratique de la liberté. La parole est la substance même du dialogue. Elle a deux dimensions : l'action (parler), la réflexion (qui donne sens à la parole). Ces deux éléments sont solidaires, dans une interaction absolue. On ne peut supprimer l'un ou l'autre. L'existence humaine ne peut être silencieuse, il lui faut ces paroles authentiques.

6. L'action de dialoguer a plusieurs caractéristiques inséparables et interdépendantes :

- *la coopération :* les sujets se rencontrent à égalité pour changer le monde ;
- *l'union* du moi de chacun, l'unité des personnes concernées pour parler ensemble ;
- *l'organisation* pour réaliser une tâche commune et lui donner cohérence ;
- *l'affirmation* de sa volonté, de son audace, de son courage pour agir ;
- *la synthèse culturelle* en rupture avec les schémas culturels traditionnels.

> 1. *Notre personnalité s'affirmera grâce à la* **rencontre** *des autres.*
> 2. *Elle s'enrichira de la* **différence** *des autres.*
> 3. *Elle utilisera un moyen : le* **dialogue.**
> 4. *Qui remet en cause la culture de compétition pour la remplacer par* **la participation.**

Démarche cohérente pour communiquer

• ***Une préparation minutieuse***

1. *Déterminer l'objectif :* avec ses quatre paramètres.
2. *Maîtriser l'information :* rassembler l'information, l'organiser, la compléter, la traiter.
3. *Faire un plan :* logique, clair, cohérent, du simple au complexe.

• ***Un message sans équivoque***

4. *Un contenu dense :* des faits, des expériences, de la réflexion.
5. *Une implication :* nos options, nos valeurs, nos choix.
6. *Un vocabulaire simple :* mots courts, mots précis, mots concrets, qui interpellent.
7. *Des phrases efficaces :* rédigées au présent, structurées, ponctuées, concises.
8. *Des paragraphes construits :* courts, une seule idée, succession logique.
9. *Un style simple :* direct, actif, compréhensible, personnel.

• ***Le choix du média***

10. *En fonction de l'objectif :* informer, former, faire prendre conscience, conduire à l'action.
11. *En fonction du récepteur :* c'est lui le plus important, niveau de conscience.
12. *En fonction des moyens :* coût, délai de réalisation, qualité de l'impact.
13. *En fonction de la compétence :* monomédia, multimédia (conjugaison des quatre supports)

• ***Une présentation efficace***

14. *Aspects :* titre portant l'objectif, sous-titre, aération, attirant.
15. *Mise en évidence :* choix des caractères, blanc, retrait, structure apparente.
16. *Organisation cohérente :* introduction et conclusion, développement, synthèse.
17. *Apparence agréable :* une image vaut 10 000 mots, la couleur, les dessins, les schémas.

• ***Une maîtrise des outils***

18. *Avoir un ordinateur multimédia :* l'utiliser pour communiquer.
19. *Utiliser régulièrement Internet :* donner et recevoir l'information.
20. *Mettre nos informations à la disposition de tous.*

> 1. *Une démarche* **facilite** *le travail.*
> 2. *Cela* **évite** *d'oublier des éléments importants.*
> 3. *Cela attire* **l'attention** *sur l'essentiel.*
> 4. *Une* **formation** *est nécessaire pour maîtriser tous les éléments.*

Démarche pour réaliser le changement dans notre organisation

1. Chaque membre change sa pratique quotidienne. D'abord dans sa vie personnelle : comme époux, parent, travailleur, sportif, habitant, etc. Ensuite dans ses engagements de citoyen.

2. Les organisations qui prônent la démocratie participative commencent à la mettre en pratique dans leurs propres structures : syndicat, parti, association familiale, organisme culturel.

3. Les mouvements qui agissent pour la promotion collective la mettent en œuvre. Cela sert d'exemple : les écoles nouvelles, les boutiques de droit, les mouvements écologistes, etc.

4. L'économie sociale : les mutuelles, les coopératives, les associations, etc. Le pouvoir est entre les mains de ceux qui font le travail.

5. Les organisations à vocation de socialisation et de solidarité. Elles sont nombreuses et pourraient aussi impulser les changements en s'organisant sur des bases de partage de pouvoir : les comités d'entreprise, la sécurité sociale, les hôpitaux, les établissements scolaires, etc.

6. Dans l'organisation des luttes, qu'elles soient organisées par les partis, les syndicats, les associations de toute nature, Prendre l'habitude de réunir les personnes concernées, les faire s'exprimer pour qu'elles organisent elles-mêmes leur action en fonction de leurs objectifs.

7. Avoir un projet précis de changement social. « Faut-il élaborer un projet de loi ? » La réponse est oui. 1. On se bat plus facilement quand on a un projet à promouvoir. 2. On apprend la gestion de la cité.

8. Utiliser les temps forts du mouvement social. Il y a toujours eu des luttes et des révolutions : 1789 - 1830 - 1848 - 1919 - 1936 - 1945 - 1953- 1963 - 1968 - 1973- 1981 - 1995. Comme il n'y avait pas de projet concret sur tel ou tel point, il n'a pas été toujours efficace.

9. Capitaliser les expériences réalisées. Des expériences se vivent. Il serait judicieux qu'un centre d'histoire sociale rassemble ces pratiques.

10. Expérimenter. Si tous ceux qui ont le désir de changement, soit comme personne, soit comme groupe ou organisation, le mettaient en pratique, on verrait se réaliser une multitude d'expériences.

> 1. *Le changement est une* **aspiration.**
> 2. *Changer pour plus de* **solidarité** *et de partage.*
> 3. *Changer pour développer la* **citoyenneté.**
> 4. *Rassembler tous ceux qui agissent déjà dans cette* **direction.**

Chapitre 7

Animer et participer pour construire le XXIe siècle

Les dix défis à prendre en charge

- Notre action doit reposer sur la conviction qu'il est possible d'agir sur le cours des événements, que le futur est enraciné dans le passé et se construit dès à présent.

1. Les avancées techniques dues à l'ordinateur, à Internet, aux multimédias peuvent nous asservir ou nous faire accéder à l'information, nous permettant de décider.

2. La mondialisation qui se réalise en tout domaine peut être une occasion de rencontre des personnes et des peuples, tout comme ce peut être la priorité donnée à la recherche de gain rapide.

3. L'écologie peut devenir l'occasion d'organiser la planète, pour permettre aux générations futures de vivre sainement, ou être l'occasion d'exploitation intensive des ressources naturelles.

4. Le domaine du vivant, avec les biotechnologies et la possibilité pour les humains de modifier le patrimoine génétique, peut conduire à l'amélioration de la santé, de l'alimentation ou à l'eugénisme.

5. Le développement est affronté à de dures réalités, les inégalités, la pauvreté croissante, les enfants martyrisés, l'éducation des femmes oubliée, alors qu'un développement humain est possible.

6. La construction de l'être est en panne, du fait de la montée de l'individualisme qui empêche les détenteurs du pouvoir de le partager par l'accès de tous à des responsabilités.

7. La montée de la démocratie formelle se poursuit, et encore trop de pouvoir est aux mains d'une « élite » qui continue de ne pas favoriser la dignité de la personne humaine.

8. La paix n'est encore qu'une aspiration quand on énumère le nombre de conflits et de guerres qui existent de par le monde. Alors qu'il serait possible de dialoguer et de négocier.

9. L'accès à la culture, c'est la possibilité pour chaque être humain de mener de front instruction (connaissance en tout domaine), éducation (développement de la personnalité) et pédagogie.

10. Les droits des personnes et des peuples sont à élargir à tous les domaines de la vie personnelle et sociale pour qu'enfin les personnes et les peuples prennent en mains leur vie.

> 1. *Être* **conscient** *des problèmes que nous vivons.*
> 2. *Développer les diverses* **solidarités.**
> 3. *S'ouvrir aux dimensions* **du local au mondial.**
> 4. *Réaliser un* **projet d'avenir** *pour préserver l'avenir de nos enfants et petits-enfants.*

Les avancées scientifiques et techniques

Notre société est en pleine transformation à cause des progrès importants réalisés dans les domaines de la science et des technologies. Ces changements modifient profondément nos rapports.

• ***L'ordinateur :*** à tout seigneur tout honneur, C'est l'informatique qui est au cœur de toutes les mutations dans tous les domaines : la santé, la physique, l'espace, les océans, les nouveaux matériaux, etc. Des logiciels permettent d'intervenir dans tous les milieux : de travail, de vie, etc.

• ***Le multimédia*** a ouvert le champ du traitement de l'information sous toutes ses formes grâce à la numérisation : du texte, du son, de l'image, de l'animation. Cela rend accessible à tous les domaines du savoir que l'on a su illustrer par la conjugaison de toutes ces représentations complémentaires.

• ***Internet*** est devenu le réseau d'échanges qui a le plus perturbé les communications entre les humains. Il peut véhiculer le meilleur et le pire, nous laissant la responsabilité de ce choix.

- D'un côté, les marchands qui utilisent la toile pour faire des profits importants sans se préoccuper des conséquences qui en découlent.

- De l'autre, Internet vient abolir les frontières nationales, interpeller les hiérarchies par l'accès de tous aux informations qui sont la clef du pouvoir pour décider. Chacun peut se connecter aux centres de documentation du monde entier à domicile. Socialement c'est un vecteur de relations.

• ***Deux conceptions de la liberté s'affrontent***

- Ceux qui veulent qu'Internet reste un lieu de circulation totalement libre d'informations sans censure, pour respecter l'esprit des pionniers, faisant appel à l'éducation pour choisir.

- Ceux qui souhaitent, au nom du respect des droits de l'homme (art. 9), réglementer la liberté d'expression si les abus de cette liberté dans certains cas précis incitent à la haine raciale ou autre atteinte à la liberté d'autrui, car le respect de la personne humaine est prioritaire.

- Internet demande un droit de plus en plus exigeant qui prenne en compte l'abolition des frontières nationales (réseau maillé), la dématérialisation (travail matériel remplacé par travail de l'intelligence), la décentralisation (réduction des hiérarchies), la personnalisation (autonomie des personnes), l'accélération des découvertes (apprendre à anticiper).

1. *Savoir rechercher* **l'information** *et la traiter.*
2. *Utiliser toutes les facilités de* **communiquer** *avec les autres.*
3. *Développer la* **convivialité** *au sein des organisations.*
4. *Repenser de nouvelles modalités* **d'action.**

2. La mondialisation

- ***La mondialisation.*** C'est le passage d'une économie internationale, qui mettait en relation des nations relativement autonomes ayant une certaine influence sur les firmes implantées sur leur territoire, à une économie mondiale où la concurrence se généralise dans un espace qui échappe aux régulations étatiques. Avec l'informatique et Internet, c'est la dissolution des frontières qui permet aux marchés de prendre leur revanche sur les États. Ce qui pose le problème d'une régulation mondiale. La mondialisation touche tous les secteurs.
- ***L'extension de l'économie*** est née d'un double phénomène : l'explosion de la haute technologie à base d'ordinateurs, de microprocesseurs, et la mondialisation. Après la disparition de l'URSS, il ne reste qu'un seul modèle sur la planète, celui du capitalisme. Dérégulation, privatisation, commerce sans entrave sont devenus la ligne de conduite de la quasi-totalité des gouvernements. Mais la technologie de l'information change totalement le fonctionnement des firmes en ouvrant de nouveaux marchés, des opportunités de croissance et de réduction de coûts. En même temps, on passe d'une organisation hiérarchisée à une organisation en réseaux, engendrant des hausses de productivité pour accroître les profits.
- ***La pensée unique*** continue d'en être le moteur. Elle est la traduction, en termes idéologiques à prétention universelle, des intérêts d'un ensemble de forces économiques. Celles, en particulier, du capital international, représentées par la Banque mondiale, le Fonds monétaire international, l'Organisation mondiale du commerce, l'OCDE, la Commission européenne, etc. qui, par leur financement, enrôlent au service de leurs idées à travers toute la planète de nombreux centres de recherche, des universités, des fondations qui répandent à leur tour la bonne parole (cf. Ignacio Ramonet, le Monde diplomatique).
- ***Le rôle des États se modifie*** sous cette emprise qui veut toujours moins d'État quand cela rapporte et fait toujours appel à l'État devant les difficultés pour avoir des aides et des subventions qui ne sont jamais remboursées, alors que les petits créateurs d'entreprises sont obligés de le faire. Le paradoxe est que, d'une part, il n'y a jamais eu autant de nations - au XIXe siècle, une trentaine, au XXe plus de 200, c'est une véritable balkanisation de la planète - et, d'autre part, **un regroupement des États** dans des ensembles plus vastes en Europe, en Afrique, en Asie, en Amérique. Ces ensembles organisés seront plus à même que les États de faire face à la mondialisation, surtout si les Nations Unies arrivaient à les coordonner pour réguler et éviter que se poursuive un phénomène où les riches deviennent plus riches et les pauvres plus pauvres.

1. *Choisir entre nous enrichir au détriment des autres ou* **partager** *les richesses de la planète.*
2. *L'individualisme va accroître les inégalités, mais la* **solidarité** *pourra les réduire.*
3. **Repenser** *nos valeurs guides : justice, solidarité, dialogue.*
4. **Agir** *en conformité avec ces valeurs.*

Mondialisation

L'écologie à respecter

• L'écologie c'est la science de l'habitat. Elle étudie les relations des êtres avec leur milieu et des êtres humains entre eux. Elle est devenue avec l'expérience la science des environnements naturels ou modifiés par les humains. C'est une science **de synthèse interdisciplinaire.**

- *La biodiversité* désigne l'ensemble des espèces vivantes sur la planète qu'il faut sauvegarder.
- *Les écosystèmes* sont des systèmes de vie qui regroupent les êtres vivants (animaux, végétaux) appelés biocénose, et les matières inertes (sous-sol, vase, eaux) appelées biotope.

De la biodiversité, située dans un écosystème, dépend notre survie et celle de nos descendants.

• ***Gérer les risques naturels.*** La planète vit. Le rôle des humains est important :

- *Inondations :* elles touchent plus de 200 millions de personnes (sans-abris, milliers de morts).
- *Séismes* qui causent de lourdes pertes en vies humaines et biens matériels.
- *Tempêtes* causant chaque année des millions de morts et des milliards de dégâts.
- *Incendies :* ils endommagent les ressources naturelles comme les lieux d'habitation.
- *Sécheresses*, phénomènes à évolution lente qui causent des dommages agricoles et écologiques.
- *Glissements de terrain* déclenchés par des phénomènes météorologiques ou sismiques.
- *Éruptions volcaniques :* une cinquantaine de volcans sur 500 entrent en éruption chaque année.

Il convient d'analyser la vulnérabilité et de trouver de façon créative les parades à chaque phénomène.

• ***Impact des humains sur la nature.*** Phénomène encore plus destructeur par son ampleur

- la croissance démographique non contrôlée ;
- l'urbanisation à outrance sans réflexion préalable ;
- les choix énergétiques privilégiant les sources non renouvelables ;
- la destruction de la flore (agriculture intensive, surpâturage, herbicides, pesticides) ;
- la destruction de la faune (chasse, pêche, déforestation) ;
- la transformation des climats (effet de serre) ;
- l'altération des eaux douces (nous allons manquer d'eau).

La terre est devenue une poubelle. Il est temps d'en prendre conscience pour léguer à nos enfants une planète propre.

1. *Avoir une* **vision d'ensemble** *des enjeux écologiques.*
2. *Prendre* **conscience** *que nous détruisons notre maison.*
3. *En détruisant la nature, nous nous détruisons* **nous-même.**
4. *Chaque* **citoyen** *se mobilise à partir de sa vie quotidienne.*

L'importance du vivant

- ***La biologie*** étudie les êtres vivants pour comprendre les mécanismes fondamentaux de la vie.
- ***La vie :*** temps écoulé entre la conception et la mort d'un individu, d'un organisme, d'une organisation. Pour les humains, elle regroupe l'ensemble de leurs activités personnelles et sociales. La personne humaine a le sentiment de vivre à l'occasion d'une activité créatrice et lorsqu'elle éprouve dans le travail manuel et intellectuel sa solidarité avec les autres.
- ***Les biotechnologies*** vont provoquer des évolutions, voire des mutations extrêmement rapides. Elles utilisent les micro-organismes ou certaines de leurs molécules (ADN, enzymes, protéines) dans différents champs d'activité : agriculture, médecine, pharmacie, industrie, énergie, chimie, etc.
- ***Les OGM*** posent des interrogations. Les Organismes génétiquement modifiés peuvent être utiles (résistance à des insectes, à des herbicides, à des champignons, amélioration du goût, de la conservation, etc.), mais les risques de toxicité pour l'homme ne sont pas à éliminer : destruction de la biodiversité, ingestion des pesticides avec le maïs, résistance aux antibiotiques, etc.
- ***La génétique*** a permis de décrypter le génome humain (ensemble d'informations génétiques contenues dans le noyau d'une cellule humaine). Ces découvertes vont apporter des matériaux pour mieux soigner : biologie moléculaire, médecine prédictive, pharmacogénomique, thérapie génique, etc. Mais d'autres dangers surgissent qui demandent que l'on fasse participer la population à des débats qui la concernent : la brevetabilité du vivant dans un domaine où le patrimoine appartient à l'humanité, le clonage. Clonage qui, pour les humains, pose le problème de l'eugénisme.
- ***Les fonctions fondamentales de la vie*** nous interpellent :
  - *la sexualité* avec sa fonction de reproduction où se posent des problèmes extrêmes : IVG (Interruption volontaire de grossesse), PMA (Procréation médicalement assistée) ;
  - *la santé* avec sa fonction de croissance qui nous interpelle dès la naissance, au cours de la vie et en fin de vie, avec l'euthanasie, les soins palliatifs, etc.
  - *l'alimentation* avec sa fonction de nourriture qui, aujourd'hui, rend les citoyens prudents, les obligeant à faire des choix et à utiliser **le principe de précaution.**
- ***Tout cela pose des problèmes bioéthiques*** tant sur le fond d'un choix de société (société de marchands ou nouvel humanisme), que sur des formes particulières (techniques par exemple de procréation, ce n'est pas le choix qui pose problème mais son utilisation).

1. **Lucidité** *et conscience des enjeux.*
2. *Percevoir en quoi nous sommes* **concernés.**
3. **Réfléchir** *en équipe sur chaque problème.*
4. **Collaborer** *avec des spécialistes mais rester maître de son destin.*

Être des entrepreneurs du développement

• Les raisons du développement. Pourquoi poser le problème du développement ?

- D'abord à cause de la mondialisation. Elle impose de reconnaître que la globalisation des rapports des nations, entre elles et à l'intérieur des nations, entraîne la globalisation des problèmes **internes** à chaque pays, tant au plan économique, politique, social, que culturel.
- Ensuite, c'est la reconnaissance que chaque homme, chaque femme, chaque enfant a droit à un travail, à un toit, à une éducation, à la santé. Qu'il s'agit d'un **droit** et non d'une quelconque action charitable envers son prochain.
- Enfin, il existe une dépendance, interne aux nations, des pauvres à l'égard des riches et une dépendance externe d'une majorité de pays pauvres à l'égard de pays riches, qui se manifeste par **l'exploitation** des richesses des pauvres par les riches.

• ***Ce qu'est le développement.*** Il consiste dans la suppression de la pauvreté absolue, dans la satisfaction des besoins fondamentaux des êtres humains, dans la participation de toutes les couches sociales au processus de production et de décision, pour arriver à supprimer toutes les formes d'oppression, d'exploitation, d'aliénation, et permettre la redistribution des richesses, du pouvoir.

Le développement c'est donc un travail de changement social, économique et politique, à l'intérieur d'une société. C'est un développement de la population, par la population, pour la population.

• Les grands axes d'un développement durable :

- une croissance suffisante pour satisfaire les besoins humains,
- rechercher la justice sociale entre riches et pauvres,
- canaliser le taux de croissance démographique et réduire les inégalités,
- mettre en valeur les ressources de base de chaque pays,
- organiser la répartition des richesses de la planète,
- canaliser la croissance exponentielle de l'urbanisation,
- prendre en compte l'environnement dans toute décision,
- permettre que la population soit actrice de son changement,
- favoriser le travail pluridisciplinaire entre population et experts.

• La nécessaire diversité des voies de développement. L'identité culturelle se pose comme un principe moteur de l'évolution d'un peuple. Elle se réalisera si elle est suscitée du dedans, voulue et menée ensemble par toutes les forces vives d'un peuple, enracinée dans une communauté qui a sa culture propre, ses valeurs spécifiques, son sens même de la vie.

1. *Dans tout secteur de vie existent des* **inégalités,** *des* **injustices.**
2. *La* **lutte** *contre l'injustice doit être menée par les personnes concernées.*
3. *Les* **propositions** *de changement viendront de la population.*
4. *C'est le* **moyen** *de mettre en œuvre la solidarité internationale pour éradiquer la pauvreté.*

Participer activement à la construction de l'être

- ***Une remise en cause de l'individualisme.*** Car l'être signifie : 1. **exister** de façon authentique, 2. **croître** grâce à son environnement, 3. **demeurer** soi-même avec sa spécificité unique, 4. **appartenir** à une société au sein de laquelle on vit et qui permet l'existence, la croissance, l'affirmation de ce que l'on est. L'être est situé dans une histoire qui le marque et qu'il marque.
- ***Être soi-même*** est une nécessité pour construire sa personnalité. Cela signifie : la capacité de s'affirmer sans se cacher derrière des masques, des rôles, des comportements stéréotypés ; la capacité d'assumer ses désirs en les affrontant à la réalité ; la capacité de vivre sa spontanéité, fruit de sa densité de réflexion et d'expérience. Cela se traduit par une ouverture à l'expérience pour être capable de décider par soi-même de la direction à prendre, en acceptant de changer. Ce qui permet d'avoir **confiance en soi** et **confiance en autrui.**
- ***Trouver l'équilibre entre autonomie et socialisation***

- *Autonomie* en utilisant ses capacités **physiques** (comportement), ses capacités **affectives** (altitudes, sentiments), ses capacités **intellectuelles** (réflexion, compréhension),
- *Socialisation*, c'est-à-dire accepter l'autonomie des autres dans nos relations, ce qui nous permet de **travailler** (continuer la création), **d'aimer** (inconditionnellement les autres), **décider** dans tous les domaines qui nous concernent.

- ***Acquérir une pensée personnelle.*** La pensée se nourrit de tout ce dont nous avons conscience issu de notre perception et de nos actes.

- Elle assume trois dimensions de la réalité :

* l'infiniment grand (Terre, planète, étoile, galaxie, etc.),

* l'infiniment petit (molécule, atome, électron, quark, etc.),

* l'infiniment complexe (cellule, organe, système, individu, société).

- Elle les situe dans une dynamique :

* *pensée dialectique* : thèse, antithèse, synthèse qui est le mouvement de la vie et du monde,

* *pensée systémique* qui est une totalité organisée, faite d'éléments solidaires ne pouvant être définis que les uns par rapport aux autres, en fonction de leur place dans cette totalité.

* *pensée complexe* qui assume la diversité des situations dans leur inscription dans un monde en mouvement.

- Elle fait ressortir et utilise l'interdépendance de l'observateur et de l'observé.

> *1. L'être est une personne de* **relations,** *non un individu.*
>
> *2. Il convient d'apprendre à* **être soi-même** *pour établir ces relations.*
>
> *3. Cela suppose de trouver son* **équilibre** *autonomie/socialisation.*
>
> *4. Pour acquérir une* **pensée personnelle** *pour agir.*

Construire la démocratie

- ***La démocratie*** a pour étymologie : *dêmos* = peuple, *cratie* = gouvernement. C'est donc le gouvernement du peuple par le peuple, pour le peuple.
- Jean Lacroix précise que la démocratie n'est pas tant une idéologie, une doctrine ou un système. C'est plus que cela. C'est un mode d'être avec les autres, un style de vie personnelle et sociale.
- Pour Michel Debré, le simple citoyen qui est un vrai démocrate se fait en silence un jugement et lorsqu'il est consulté pour l'élection, il exprime son accord ou son désaccord. Après quoi, comme il est normal et sain, il retourne à ses occupations.
- Pour Mendès France, il ne s'agit pas seulement de voter, de déléguer ses pouvoirs puis de se taire. La démocratie est une action continuelle du citoyen sur les affaires de la société à tous les niveaux. Le citoyen est un homme qui ne laisse pas à d'autres le soin de décider de son sort et du sort commun.

- ***La citoyenneté.*** Le citoyen 1. est membre d'une cité, 2. dans laquelle il jouit des droits civiques et politiques, 3. en participant activement à la gestion des affaires publiques. Cela suppose :
- **d'être acteur** pour prendre en charge sa vie personnelle et sociale,
- **dans la cité**, dans tous les milieux de vie face à tous les problèmes,
- par des **actions** individuelles dans tous les domaines où il est concerné,
- par des actions collectives en se **regroupant** avec ceux qui ont le même problème,
- en choisissant ses **valeurs** guides : justice, solidarité, dialogue, etc.
- dans le cadre d'un **projet** de changement social,
- où chaque personne actrice aura une **responsabilité**,
- en utilisant les **différences** comme base de leur complémentarité,
- sachant prendre les **décisions** anticipatrice face aux mutations.

- ***La coopération.*** C'est une rupture des mentalités. Elle se substitue à la compétition, à l'opposition des personnes et des organisations, pour leur apprendre à travailler ensemble et avancer de concert dans la même direction. Elle suppose d'avoir des objectifs communs et de vouloir les atteindre par la solidarité plutôt que par la concurrence. Cela nécessite d'organiser le pouvoir de telle façon que chaque personne puisse avoir une responsabilité qui lui permette de prendre des **décisions individuelles** dans le cadre de sa définition de fonction et de participer à des **décisions collectives** quand les problèmes concernent l'ensemble d'une collectivité. Elle nécessite que cette démarche se réalise à tous les **niveaux :** personnes, groupes, organisations, institutions ; qu'elle se fasse avec des organisations **complémentaires** et qu'elle se complète par une coopération avec des organisations de nature différente.

1. *Préciser pour chacun ce qu'est la* **démocratie** *pour notre équipe.*
2. *Permettre à chaque personne de développer sa* **citoyenneté.**
3. *Favoriser la* **coopération** *des groupes divers entre eux.*
4. *Passer de la démocratie formelle à la* **démocratie réelle.**

Réaliser la paix

- ***Supprimer les guerres.*** Si nous prenons une carte du monde, nous nous apercevons que la guerre est partout sous des formes diverses : conflits internationaux, troubles importants avec de nombreux morts, guerres civiles, mouvements d'indépendance, etc. Cela entraîne la superposition d'une autre carte, celle des missions de l'ONU pour instaurer la paix et favoriser les négociations partout où il y a des conflits. Deux cartes identiques, hélas !
- ***Un monde surarmé*** avec des armes nucléaires, des armes chimiques, des armes bactériologiques, des mines antipersonnel. Le mercenariat se développe. Les armées de métier prennent la place des contingents de citoyens. Et, aujourd'hui, sont nécessaires des forces de maintien de l'ordre de l'ONU qui tentent de faire arrêter les combats et essaient difficilement de maintenir la paix. Il nous faut passer d'une culture de guerre à une culture de paix.
- ***Une culture de paix***. Elle consiste avec l'UNESCO à resserrer, par l'éducation, la science et la culture, la collaboration entre les nations, afin d'assurer le respect universel de la justice, de la loi, des droits de l'homme et des libertés fondamentales pour tous, sans distinction de race, de sexe, de langue ou de religion. Il convient de substituer à la violence, l'intolérance et la discrimination, une culture de la non-violence qui prône la négociation, le dialogue, la tolérance et la solidarité des personnes, ainsi que des institutions et des États. La non-violence est inhérente à une culture de la paix. Le Mahatma Gandhi et Martin Luther King, qui appelaient cette culture la « non-violence active », ont démontré que, bien que le chemin de la liberté soit long, il représente une voie sûre vers l'instauration de la paix.
- ***Construire la paix.*** *« La paix ne tire pas ses origines des traités, mais de l'esprit et du cœur de toutes les femmes et de tous les hommes. Elle est le fruit des soins particuliers accordés au respect des valeurs, des attitudes et des comportements pacifiques. Ces soins insufflent l'énergie vitale nécessaire à la mise en œuvre des principes de la coopération, de la non-violence, de la démocratie, de la tolérance ; et ils favorisent le respect des droits de la personne et de la diversité culturels. »* C'est l'objectif de l'UNESCO.
- ***Des racines à détruire.*** Ce sont tous ces ismes divers : terrorisme, élitisme, totalitarisme, racisme, intégrisme, sectarisme, impérialisme, fanatisme, nationalisme, fascisme, nazisme, dogmatisme, etc. qu'il faut éradiquer.

1. *Agir pour le* **désarmement.**
2. *S'entraîner dans toutes nos actions à la* **non-violence** *active.*
3. **Interdire** *les armes nucléaires, chimiques, bactériologiques, les mines.*
4. **Promouvoir** *une culture de paix.*

Développer la culture des personnes et des peuples

pour qu'ils prennent leur vie et celle du monde en main

• ***Une nouvelle culture*** émerge. Elle est ambivalente.

- D'un côté, l'uniformisation. L'Amérique a inspiré Coca-Cola, les hamburgers et le blue-jean, l'Asie sa cuisine, les baladeurs, les bandes dessinées, etc. C'est un mode de vie axé sur l'occident solvable avec une culture qui s'est mondialisée.
- De l'autre, la diversification, la substitution massive des machines aux travailleurs, la prédominance de l'immatériel, la place plus importante du travail intellectuel, l'aspiration des personnes à participer aux décisions dans les domaines qui les concernent, la possibilité pour tous d'avoir accès aux informations réservées à une minorité, le désir de se voir reconnu dans sa spécificité en fonction de ses capacités, l'aspiration à avoir des responsabilités personnelles, la conscience de l'interaction des phénomènes, la perception de la complémentarité des problèmes.

• ***Élargir le champ culturel.*** Cela nécessite de repenser le rôle des êtres humains dans la société : dans le travail, dans la cité, dans la vie associative, etc. Après l'âge de la pierre, celui de l'agriculture, celui de l'industrie, nous entrons dans l'ère de l'intelligence susceptible d'utiliser les connaissances, les compétences des personnes qui peuvent être présentes dans tous les lieux où sont prises les décisions concernant leur avenir et celui de l'humanité. Parodiant Malraux, on pourrait dire : « Le XXIe siècle sera culturel ou ne sera pas. » Ce qui nous crée des obligations à l'égard des PMA (Pays les moins avancés) : favoriser le développement pour que le niveau de compétence rejoigne le plus haut niveau.

• ***Proposition de définition de la culture.*** C'est la somme des activités créatrices d'un peuple, qui exprime les réactions des personnes au sein d'une société. La culture permet aux humains de se situer dans le monde pour donner une signification à leurs actes personnels et collectifs ». Toute culture est située dans le temps (histoire), dans l'espace (géographie) et en rapport à des valeurs spécifiques (éthique). Chaque culture fait partie du patrimoine de l'humanité.

• ***Les moyens de la culture.*** Permettre à chaque personne de développer ses dons dans tous les domaines de sa vie pour les mener jusqu'à leur achèvement. Permettre que les dons et les capacités de chacun puissent s'épanouir du berceau à la tombe. Reconnaître que chaque personne sans distinction peut apporter sa contribution à la vie sociale. C'est s'appliquer à rendre plus humaine la société.

1. *Le* **monde change** *et nous oblige à en tenir compte.*
2. *De* **nouvelles cultures** *émergent dont il faut être partie prenante.*
3. *La culture permet aux personnes et aux peuples de* **se prendre en charge.**
4. *Cela leur permet de* **participer** *activement à la construction de la société.*

Faire évoluer le droit

- ***Nécessité du droit.*** Toute vie sociale qui ne veut pas tomber dans le chaos ou être dominée par la violence, depuis la cellule familiale jusqu'aux organisations internationales, a besoin de règles. C'est l'ensemble des règles qui organisent les rapports des membres d'une même communauté ou les rapports entre communautés, qui constitue le droit. Le droit est la création d'un espace social entre les personnes. Il institue entre les personnes et les collectivités des relations qui les unissent et les libèrent à la fois, qui les rapprochent et maintiennent entre elles quelques distances. Il porte sur les actes, non sur les intentions. Tout le droit est public, c'est la morale qui est privée.
- ***Légalité, légitimité.*** La loi est faite par ceux qui détiennent le pouvoir. Ce que la loi établit est légal. Les dictateurs ont fait des lois criminelles, mais elles étaient légales. Elles n'étaient pas forcément légitimes. La légitimité est issue des valeurs. Elle permet de se dresser contre la loi quand celle-ci bafoue des valeurs comme la liberté. Par exemple, en 1940-1944, les lois de Vichy étaient légales contre les juifs, contre les Résistants traités de terroristes, mais elles n'étaient pas légitimes car elles portaient atteinte à la liberté des citoyens. Pendant la Résistance, Pétain avait la légalité, de Gaulle et les maquis avaient la légitimité. De même, l'expulsion des étrangers d'une église était légale, elle n'était pas légitime car elle portait atteinte à des valeurs comme la liberté, la dignité, l'hospitalité.
- ***Les droits s'enrichissent.*** Plusieurs générations s'enrichissent des précédentes.

- La première génération comprend la grande Charte de 1215, la Déclaration des droits au XVIIe siècle et la révolution tranquille de 1688 lorsque le parlement a imposé sa volonté à la monarchie en Angleterre, la Déclaration américaine de 1776,1778, la Déclaration française de 1789.
- La deuxième génération comprend la Déclaration universelle des droits de l'homme de l'ONU du 10 décembre 1948 préparée par le préambule de la Constitution de 1946 qui élargit les droits individuels aux droits collectifs. Elle ajoute aux droits de l'homme des droits sociaux, économiques et politiques.
- La troisième génération pourrait être celle du droit des **peuples** et de l'espèce humaine, menacés par les guerres, le sous-développement, les atteintes à l'environnement et au patrimoine de l'humanité, dont un essai a été fait à Alger en juillet 1976. Mais déjà l'existence de tribunaux internationaux et le devoir d'ingérence qui est devenu un droit en tracent le chemin.

- ***Les droits s'élargissent.*** Devant les atteintes permanentes aux droits de l'homme, avec les génocides, les massacres perpétrés encore dans de nombreux pays, après Auschwitz qui n'a pas servi de leçon, l'ONU a créé une Cour pénale internationale pour juger les crimes de guerre et les crimes contre l'humanité, ainsi que des Tribunaux internationaux pour chaque cas particulier.

> 1. *Le* **droit** *est une nécessité.*
> 2. *Un droit injuste peut être remis en cause par la* **légitimité.**
> 3. *Ce qui oblige à faire* **une nouvelle loi** *plus juste.*
> 4. *Nous devons* **proposer** *la troisième génération des droits.*

Le retour de l'action collective

• ***L'individualisme*** a gagné du terrain dans notre société, mais cela n'a pas empêché un retour important de l'action collective sous des formes diverses et dans des secteurs très variés.

• ***Les mouvements sociaux*** sont de deux ordres :

- *La bourgeoisie*, pour faire entendre ses réactions, utilise les mêmes moyens que la classe ouvrière, la grève. Comme les catégories qui réagissent sont moins nombreuses, elles ont un taux de participation élevé : avocats, médecins, transporteurs, ambulanciers, etc. qui n'ont tout de même pas les mêmes conditions de vie que les salariés.
- *La défense des plus pauvres ou des plus rejetés* : Act-Up (association de lutte contre le sida), Attac (association pour une taxe Tobin pour taxer les transactions financières à l'échelle internationale), Greenpeace (protester contre les essais nucléaires), Mouvements écologistes (lutte contre la déforestation, l'effet de serre, les OGM, etc.), AC. Agir ensemble contre le chômage (regroupe plus de 200 collectifs), DAL (Droit au logement), Droits Devant (lutte contre les injustices). Les partis politiques, les syndicats font moins recette. C'est signe que le règne de la délégation a vécu. Cela n'empêche par les organisations syndicales de continuer leur lutte et de grands mouvements de grèves ont toujours lieu. Mais c'est une invitation à modifier les modes d'action.

• ***Le Forum social mondial*** est un exemple du type de nouvelles actions que l'on peut entreprendre sur le plan international grâce à l'utilisation d'Internet. Cela a commencé à Seattle avec un rassemblement contre l'Organisation mondiale du commerce (OMC). Cela a continué à Prague, à Nice. C'est un rassemblement contre les organisations internationales qui soutiennent la mondialisation capitaliste au nom du libéralisme : OMC, Banque mondiale, FMI, OCDE, etc. À chaque réunion de ces organismes sont convoqués tous ceux qui veulent agir contre leurs méfaits. Les objectifs se veulent constructifs et proposent des solutions alternatives : taxe Tobin, principe de subsidiarité (les décisions prises à l'échelon où se pose le problème), soutenir et renforcer l'ONU pour que ces organisations internationales lui soient subordonnées. C'est un essai pour combler le déficit démocratique qui accompagne la mondialisation. Sont ainsi jetées les bases d'un véritable contre-pouvoir.

Régulièrement ont eu lieu des rencontres du Forum social mondial, à la même date que la rencontre du Forum économique mondial qui rassemble les nouveaux maîtres du monde. L'objectif : proposer un cadre théorique et pratique pour une mondialisation plus humaine et solidaire.

> 1. *Seule* **l'action** *de chacun, là où il est, est efficace.*
> 2. *L'action* **collective** *consolide les actions individuelles.*
> 3. *Devenir une* **force alternative** *de proposition.*
> 4. *Pour une* **société à construire** *qui respecte la dignité humaine.*

Par notre groupe

Les réseaux internes de notre groupe

À l'intérieur de chaque groupe, chaque personne tisse des liens privilégiés avec de nombreuses personnes se créant ainsi un réseau de relations.

- ***Ce qui tisse les liens***. Ce sont généralement des rencontres informelles, des événements imprévus qui contribuent à la constitution de réseaux tout aussi informels. Par exemple, le fait de pratiquer un même sport, d'avoir participé à la même sortie. Partager les mêmes passions hors du travail comme avoir un ordinateur et échanger des astuces de fonctionnement, faire partie d'un conseil municipal et débattre des problèmes rencontrés dans la gestion de la cité. Se découvrir originaire du même pays ou voisin de quartier. Se retrouver dans les mêmes transports publics pour venir au travail. Avoir les mêmes soucis d'éducation des enfants, d'organisation familiale, de week-end. Partager un sandwich au café du coin, aller à la piscine à l'heure du déjeuner font tomber des barrières. Chacun peut continuer la liste des occasions de contact que l'on ne sait pas toujours utiliser.

- ***L'utilisation de ces liens.*** De nombreuses utilisations sont possibles. Combien de situations de blocage ont été dénouées, pour résoudre un problème de fonctionnement. De nombreux gestes d'entraide se sont réalisés en apprenant les difficultés d'un collègue. Beaucoup d'apprentissages se sont faits sur le tas en expliquant une procédure de travail qui n'avait pas été comprise. Énormément de décisions informelles ont été prises pour corriger des dysfonctionnements. Ces réseaux sont autant d'éléments favorisant la cohésion des groupes et leur permettant de fonctionner malgré les pesanteurs administratives ou les erreurs de décisions.

Pour les personnes conscientes, ces réseaux informels peuvent être des moyens efficaces d'élargir le champ de conscience des personnes avec qui l'on travaille ou l'on agit.

- ***Les dangers possibles.*** Comme toute situation, la vie en réseau est ambivalente. Elle peut sécréter le meilleur (l'entraide, la conscientisation, l'apprentissage) ou le pire (court-circuitage des décisions, organisation de contre-pouvoirs, risques qu'une toile d'araignée impose ses règles du jeu). Les coteries, les clans, les minorités peuvent être dangereux pour la vie du groupe ou de l'organisation. Il nous faudra toujours choisir ce que nous voulons faire de notre réseau de relations internes.

1. *Utiliser des lieux de rencontre* **non institués** *pour favoriser l'expression d'une parole libre.*
2. *Utiliser ces lieux d'expression libre pour* **découvrir** *les vrais problèmes des personnes.*
3. *Par notre prise de conscience, favoriser la* **prise de conscience** *du groupe.*
4. *Recherchez ensemble les moyens de* **résoudre** *les problèmes découverts.*

Les réseaux externes de notre groupe

Nous sommes insérés dans un certain nombre de groupes informels (famille, quartier, transport, etc.) et de groupes formels (école, entreprise, Église, association, etc.). Cela nous met en contact avec une multitude de personnes. Si le réseau interne peut rester d'influence, le réseau externe doit, au contraire, organiser les liens pour que les acteurs se reconnaissent.

• ***Le réseau*** est constitué par un ensemble de personnes qui établissent entre elles des relations spécifiques. Ce sont des gens qui se reconnaissent les uns les autres un niveau de compétence, une capacité d'influence, une personnalité tels que les complémentarités apparaissent évidentes, que la communication et l'aptitude à agir ensemble deviennent simples et spontanées. Le réseau est d'abord un réseau d'acteurs, Un acteur c'est celui qui a la capacité et la volonté de prendre des initiatives pour faire évoluer un problème, une situation interne ou externe. L'acteur est responsable. Il fait en sorte que les choses bougent. L'acteur utilise toutes ses capacités, ses pouvoirs de relations pour détecter les zones où les changements, les modifications de l'environnement sont possibles et pour prendre les initiatives nécessaires.

• ***Les fonctions du réseau d'acteurs***

1. *Une fonction de veille.* Les acteurs font partie du réseau par ce qu'ils sont, par ce qu'ils savent, par ce qu'ils font. Leurs échanges permettent la mise en commun de leurs découvertes, de leurs interrogations, de l'évolution de leurs connaissances, de leur perception des conséquences des mutations en cours ou prévisibles. Ils se donnent les moyens de l'anticipation pour agir.

2. *Une fonction d'information,* ce qui permet à l'acteur de percevoir ce qui compte et de séparer ce qui est accessoire ou secondaire du principal. Étant au courant de l'essentiel, il peut le communiquer aux autres membres du réseau.

3. *Une fonction de développement de compétence.* Ayant été prévenu des changements possibles, ayant reçu l'information nécessaire, il reste à l'acteur à approfondir les données du problème. Une fois qu'il a acquis la certitude de posséder son sujet, il en fait part aux autres membres du réseau pour entretenir la réciprocité. Mais aussi il la communique aux autres membres de son groupe pour qu'ils s'approprient et utilisent ses données.

4. *Une fonction d'impulsion de l'action* pour permettre aux acteurs de réaliser ce qu'ils ont décidé de faire, afin de passer de la théorie à la pratique. Soutenue par les autres, la dynamique de l'action individuelle et collective est plus facile à réaliser.

> 1. *Nous sommes* **tous** *insérés dans des réseaux, prenons-en conscience.*
> 2. *Sachons organiser et utiliser nos* **relations** *pour en faire bénéficier nos équipes.*
> 3. *Apportons aux autres membres du réseau les* **richesses** *de notre groupe.*
> 4. *Pour améliorer ensemble la* **vie sociale.**

Interaction des groupes

- ***Chaque situation a plusieurs facettes.*** Nous avons vu dans les défis l'interaction des spécialités. C'est l'occasion, au travers d'une réalité concrète d'en voir les manifestations.

  Le problème du travail, par exemple, a des aspects biologiques (accidents), psychologiques (relations), philosophiques (sens du travail), économiques (revenus), politiques (pouvoir), idéologiques (homme machine ou créateur), sociaux (nourrir sa famille), géographiques (délocalisation), historiques (culture d'entreprise), religieux (travail du dimanche, etc.). Nous découvrons la complexité des problèmes.
- ***Chaque situation est en interaction avec d'autres problèmes.*** Ce problème du travail va s'affronter au problème du chômage, au problème du droit, au problème des conventions collectives professionnelles, au problème du logement, au problème de l'alphabétisation, au problème de reconversion, etc. Ainsi chaque réalité ne peut être isolée des autres. Il nous faut élargir notre champ de conscience.
- ***Chaque situation est prise en charge par une organisation spéciale.*** Le problème du chômage est pris en charge par des associations d'aide aux chômeurs. Celui du droit par les partis politiques. Celui des conventions collectives par les syndicats. Celui du logement par des associations familiales. Celui de l'alphabétisation par des organismes culturels. Celui de la reconversion par des organismes de formation, etc.
- ***Rencontre nécessaire des organisations de même nature.*** La situation du chômage est prise en charge par de nombreuses associations. Il serait intéressant que toutes ces associations travaillant sur la même réalité se retrouvent pour coopérer et s'entraider. Ce devrait être la même chose pour les syndicats qui pourraient pratiquer l'unité d'action. Les associations familiales, culturelles pourraient faire de même, etc. L'efficacité réside dans la mise en commun de ces forces.
- ***Rencontre nécessaire des organisations de nature différente.*** Nous avons vu que toutes les situations sont en interaction. Il pourrait en être de même pour les organisations pour prendre en charge les aspects du travail. Il serait judicieux de voir coopérer les syndicats, les partis politiques, les associations familiales, les organismes culturels, les centres de formation, etc., Cela ne veut pas dire pour chacun d'abandonner son idéologie, au contraire. Mais de rechercher dans son idéologie ce qui peut contribuer à établir des liens pour régler les difficultés prises en charge avec les autres.

1. **Élargir** *son champ de conscience en percevant qu'une situation a plusieurs facettes.*
2. *De* **nombreuses** *organisations œuvrent à la résolution des situations difficiles.*
3. *Favoriser leur rencontre et leur* **coopération** *décuplera l'efficacité.*
4. *Rendant ainsi* **complémentaires** *les organisations.*

Des groupes insérés dans la vie sociale

- ***La personne.*** Tout groupe est composé de personnes. C'est l'élément de base de la société. C'est en fonction d'elles qu'un groupe travaille. Les situations ce sont celles des personnes. L'analyse c'est celle des personnes. La résolution des problèmes c'est pour améliorer la vie des personnes. C'est le point de départ et le point d'arrivée de tout le fonctionnement de la société. Elle est au cœur de la vie sociale et l'éminente dignité des personnes doit toujours être sauvegardée.
- ***Le groupe.*** C'est un ensemble de personnes rassemblées pour prendre en charge les situations qui les concernent. C'est la cellule de base qui permet à la personne de se prendre en charge avec les autres. C'est dans son sein que sont étudiées les difficultés, après que chaque personne a réfléchi sur ses caractéristiques. C'est le lieu d'apprentissage de l'expression, de la communication, de la décision, de la citoyenneté.
- ***L'organisation.*** C'est un ensemble de groupes de même nature. L'ensemble des groupes classes d'une école forme l'établissement scolaire. Comme l'ensemble des équipes de travail d'une usine forme l'établissement industriel ou commercial. C'est donc le lieu de rencontre des groupes ayant le même objectif. Ils sont inclus dans une organisation qui coordonne leurs activités pour leur donner un sens et une efficacité.
- ***L'institution.*** C'est l'ensemble des organisations de même nature. L'ensemble des établissements scolaires forme l'institution scolaire. L'ensemble des établissements industriels forme l'institution entreprise. L'institution des institutions c'est l'État. C'est lui qui les gouverne. C'est pour cela que l'institution a trois caractéristiques : elle est régie par une loi qui organise les rapports sociaux internes, au nom de valeurs, et concernant l'ensemble de la population.
- ***La civilisation.*** C'est l'ensemble des institutions vivant dans un champ culturel donné. L'institution famille, l'institution entreprise, l'institution école, l'institution armée, l'institution administrative sont toutes régies par un mélange de nature (implantation géographique), de culture (langue, coutumes, rites) et véhiculant des croyances qui forgent un mode de pensée commun.
- ***La société globale*** est donc composée de l'ensemble des civilisations qui cohabitent sur la planète à un moment donné de l'histoire. Certaines civilisations peuvent être impérialistes à l'égard des autres, d'où la nécessité de régulateurs internationaux pour faire respecter les particularités et les richesses de chacune d'elles.

1. *De la personne à la société globale, les différents niveaux* **interagissent.**
2. *La personne* **influence** *chaque niveau.*
3. **Chaque niveau** *influence chaque personne et chaque groupe.*
4. *Chaque situation est traversée par ces niveaux, c'est la* **transversalité.**

Pour ne pas conclure

Au terme de ce voyage rapide mais dense, chacun doit faire le point : noter ce qu'il a appris, noter les aménagements à faire, noter ses propres propositions. Ce sera un premier point de départ.

Retour sur notre propre démarche. Toujours confronter théorie et pratique de façon à mettre en adéquation ses désirs et la réalité en agissant là où l'on est. Repérer les changements à opérer sur soi et programmer leur mise en œuvre.

Retour sur la démarche de notre groupe. Quel écart existe-t-il entre une volonté de participation, un désir d'être partie prenante du changement social et la pratique quotidienne de son équipe pour s'assurer qu'il n'y a pas reproduction du modèle pyramidal ambiant, que chaque membre du groupe peut dire « Je », que chaque personne a une responsabilité concrète et précise, qu'au travers de cette responsabilité l'équipe se soude, que la solidarité entre les membres se réalise ? En observant, en analysant tant sa pratique interne que ses relations externes, on dégagera les enseignements nécessaires pour penser les changements à réaliser.

Retour sur la démarche de notre organisation. Quelle place occupe notre groupe dans l'organisation ? La structure de l'organisation permet-elle l'expression de chaque groupe de base ? Cette expression est-elle prise en compte ? Repérer les propositions faites par les groupes et prises en compte par l'organisation, analyser les répercussions tant sur la vie du groupe, de l'organisation, que sur la société. Repérer aussi les propositions qui n'ont pas été retenues, analyser les raisons qui les ont fait écarter et les conséquences que cela a eues sur les personnes, sur le groupe, sur l'organisation.

Retour sur les structures. Toutes les structures sont pyramidales. A-t-on fait des essais pour mettre en place des structures plus conviviales ? Quelles sont les difficultés que l'on a rencontrées de la part des responsables, de la part des adhérents, de la part des institutions. Quelles sont les difficultés venant des lois régissant les organisations ? Celles venant des schémas culturels dans lesquels nous vivons depuis des millénaires ? Celles venant des mentalités des membres du groupe, des mentalités des personnels des institutions administratives, des mentalités de ceux considérés comme des penseurs ? Ce bilan permettra de prévoir les actions nécessaires.

Retour sur les relations interorganisations. Chaque organisation s'occupe et prend en charge un secteur de la vie sociale. D'autres organisations font de même sur le même secteur, l'unité de réflexion et d'action rendrait plus efficace leur travail. D'autres organisations prennent en charge des problèmes voisins et complémentaires, la collaboration rendrait aussi plus efficaces leurs actions respectives. Développer la coopération au lieu de la compétition serait une pratique qui donnerait l'exemple d'un changement social en profondeur, fondé sur la solidarité.

Petite bibliographie

1. Le groupe dans une société en mutation
- Maccio Charles, **Sciences humaines en mouvement**, Chronique Sociale, 1993.
- Morin Edgar, Pour sortir du XXe siècle, Seuil, 1984.
- Steiger André, **Comprendre l'histoire de la vie**, Chronique Sociale, 1995.
- Université de tous les savoirs, Tome 1, **Qu'est-ce que la vie**, Odile Jacob, 2000.

2. Le sens
- Maccio Charles - **Valeurs pour notre temps**, Chronique Sociale, 1991.
- Morin Edgar, **Introduction à une politique de l'homme**, Seuil, 1990.
- Petit Jean-François, **Penser avec Mounier,** Chronique Sociale, 2000.

3. Le projet
- Freyssinet Michel, **Les modèles productifs**, La Découverte, 2000.
- Jacquart Albert, **Voici le temps du monde fini**, Points Seuil, 1998.
- Morin Edgar, **La complexité humaine,** Champs Flammarion, 1994.
- Vassileff Jean, **La pédagogie du projet**, Chronique Sociale, 2003.

4. L'animateur
- Kerdellant Christine, **Le prix de l'incompétence**, Denoël, 2000.
- Maccio Charles - **L'œdipe moyen de libération**, Chronique Sociale, 1993.
- Rogers Carl, **Le développement de la personne,** Dunod, 1966.
- Tozzi Michel, **Penser par soi-même**, Chronique Sociale, 1999.

5. Les participants
- André Christophe, **L'estime de soi**, Odile Jacob, 1999.
- Maccio Charles - **Exercer une responsabilité,** Chronique sociale, 2001.
  - **Pratique de l'expression**, Chronique Sociale, 1994.
- Schnapper Dominique, **Qu'est-ce que la citoyenneté**, Folio, 2000.

6. Le groupe
- Bernoux Philippe, **La sociologie des organisations**, Points Seuil, 1985.
- Dejours Christophe, **Souffrance en France**, Points Seuil, 1998.
- Seguier Michel, **Construire des actions collectives**, Chronique Sociale, 2004.

7. Les techniques
- Maccio Charles - **Des réunions plus efficaces**, Chronique Sociale, 2002.
- Morin Edgar, **Relier les connaissances**, Seuil, 1999.
- Tilman F, Delvaux É., **Manuel de formation en alternance**, Chronique Sociale, 1999.

Aller plus loin

Ce livre est l'essentiel de deux ouvrages du même auteur.

1. Animer et participer à la vie de groupe, 304 pages

- ***Le groupe dans une société en mutation.*** Essaie d'expliquer que nous vivons dans un monde en pleine transformation. Cela nous oblige à apprendre à anticiper pour décider, pour que les humains puissent donner un sens à ces changements.
- ***L'animateur.*** Démontre que c'est une fonction indispensable qui canalise les *leaderships*, se substitue aux chefs, pour permettre à chaque membre du groupe de devenir lui-même. C'est un catalyseur des énergies pour permettre au groupe d'être plus efficace.
- ***Les participants.*** Souligne que chaque membre du groupe devrait avoir une responsabilité précise pour partager les tâches à réaliser et se former pour être capable de participer aux décisions dans tous les domaines qui le concernent.
- ***Le groupe.*** Explique qu'il existe des lois dans la vie des groupes. Les connaître permet de les employer judicieusement pour que les phénomènes de groupes soient utilisés pour consolider la cohésion, faciliter la communication et progresser aussi vers ses objectifs.

Cet ouvrage fournit de nombreux matériaux sur la vie des personnes.

2. Techniques de la vie de groupe, 304 pages

Complète le précédent en fournissant des outils de travail.

- ***Le groupe dans une société en mutation.*** Précise les différents domaines des mutations : sciences, techniques, humaines, valeurs, actions, cultures, etc. pour nous aider à prendre en charge notre vie et lui donner une direction.
- ***Le sens.*** La fin ne justifie pas les moyens, car la fin est déjà dans les moyens. D'où la nécessité de préciser nos finalités (choix de nos valeurs), nos politiques (valeurs appliquées à nos secteurs d'activités), nos objectifs (ces valeurs vécues dans nos actes quotidiens).
- ***Le projet.*** On n'arrive nulle part si l'on ne sait où l'on veut aller. Le projet donne sens et cohérence à nos actions en précisant les objectifs à atteindre, les échéances à respecter, les responsabilités à répartir, les outils à utiliser, les financements à rechercher.
- ***La caisse à outils.*** Propose un certain nombre de techniques en distinguant les moyens pratiques, les méthodes d'utilisation de ces moyens, les procédures qui ajustent moyens et méthodes à nos besoins du moment, pour suivre une démarche cohérente.

www.chronique.sociale.com

Du même auteur

Être en responsabilité est une réalité au niveau professionnel, associatif et social. Cet ouvrage clarifie notamment les notions d'autorité, de pouvoir, de responsabilité. Il aborde de manière détaillée le processus de prise de décision, de gestion de conflit, d'organisation.

Synthèse - 256 p. 3e éd.

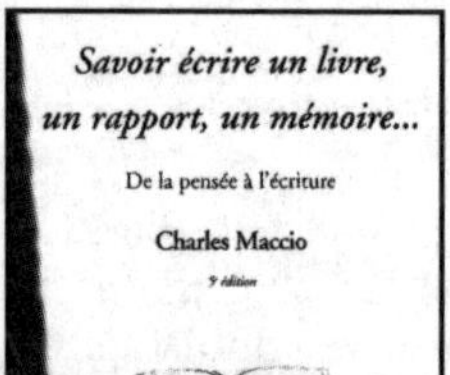

Les écrits personnels ou professionnels nécessitent, pour atteindre leurs objectif, clarté, précision, pertinence. Ce livre contient des éléments pour clarifier sa pensée, construire son écrit, le présenter ; il est illustré d'exemples et de questionnaires d'appuis.

Synthèse - 184 p. 5e éd.

www.chroniquc.sociale.com